青少年受益一生的励志书系

青少年受益一生的
名人成功心得

◎总 主 编：汤吉夫
◎本书主编：澜 涛

九州出版社
JIUZHOUPRESS ｜全国百佳图书出版单位

图书在版编目（CIP）数据

青少年受益一生的名人成功心得/澜涛主编. –北京：
九州出版社, 2008.6(2021.7 重印)

（青少年受益一生的励志书系/汤吉夫主编）

ISBN 978-7-80195-882-2

Ⅰ.青⋯　Ⅱ.澜⋯　Ⅲ.成功心理学—青少年读物
Ⅳ.B848.4-49

中国版本图书馆 CIP 数据核字（2008）第 085046 号

青少年受益一生的名人成功心得

作　　者	汤吉夫　总主编　澜　涛　本册主编
出版发行	九州出版社
地　　址	北京市西城区阜外大街甲 35 号（100037）
发行电话	(010)68992190/2/3/5/6
网　　址	www.jiuzhoupress.com
电子信箱	jiuzhou@jiuzhoupress.com
印　　刷	北京一鑫印务有限责任公司
开　　本	710 毫米 × 1000 毫米　16 开
印　　张	10.5
字　　数	155 千字
版　　次	2008 年 6 月第 1 版
印　　次	2021 年 7 月第 10 次印刷
书　　号	ISBN 978-7-80195-882-2
定　　价	36.00 元

吃饭与读书（序）

人活着都是要吃饭的，不吃饭没法活，这是硬道理，傻子都懂的硬道理。但是，人活着，跟猪狗鸡鸭毕竟不同，光有饭吃还不行。这个世界几十亿人，大概没有多少光喂饭就能满足的，饿的时候都说，给口吃的就行，一旦吃上了这口，别的需求也就来了。要恋爱、结婚，跟人交往、沟通，要交朋友、挣钱、唱歌，一句话：要学习，得有精神生活。即便理想不高，就当个旧时代的农夫，也得有人教你怎样种地，如何喂牛套车，稍微有点精气神，就会想到出门赶集看戏，有的人还自己学着唱上两口。

精神生活，离不开书。

我们这个国家多灾多难，曾经有很长一段时间，老百姓每天除了吃，不想别的，因为多数时候，吃不饱。那年月，孩子进学校读书，除了课本，家长没钱，也不认为有需要给孩子买点课外的书，甚至孩子看课外书，还会遭到责骂。在家长看来，那些东西没用，上个学，识几个字，会算个账也就行了。在那个时代，众多平民百姓养孩子，跟养猪喂鸡没有多少区别。

后来的中国人，开始有点闲钱了，一对夫妻一个孩儿，宝贝多了，除了把孩子喂得营养过剩之外，也操心孩子的教育。即便如此，过去的思想境界依然左右着他们，家长们宁肯花大价钱，逼着孩子满世界进补习班，学钢琴，学奥数，学英语，学画画，学书法，学围棋，学一切听说可以提高素质的玩意儿，但就是没时间让孩子老老实实坐下来看本书。跟过去一样，众多的家长认为，课外书没用，耽误孩子学习。

就这样，在课本强化和补习班也强化的双重压力下长起来的一代又一代独生子女，有一半还没进大学，先折了，什么也考不上，除了打游戏，什

么兴趣都没有;另一半考上的,进了大学不少人也开始放羊,加上大学这些年质量也在下降,因此,即便太太平平毕了业,进入社会,感觉身无长技、无所适从者至少要占一半以上。

这是一个没有人看书的时代。据有关部门统计,我们国家每年的出版物,教材要占到 60% 以上,剩下不足 40% 的出版物。还要扣除 10% 左右的教辅读物,也就是说,中国的书,绝大多数都是强迫阅读的,真正属于读者出于自己需求而主动阅读的书,不到整个出版量的 20%,跟发达国家相比,正好倒过来。

现在国人最喜欢说的一个词,就是"素质",但恰恰国人的素质,不敢恭维,一代代越来越不喜欢读书的后辈,素质更是每况愈下。

课本,给不了人素质,课外补习,也给不了人素质,素质的养成,要靠书,课外书。人生在世,不是活在真空里,什么事儿都可能碰上,要学会跟人打交道,更要学会跟自己打交道。如何待人处事,如何交友待客,如何跟人沟通、开展讨论,如何说服别人;进而如何开阔心胸、拓展视野、修炼心性、磨炼意志、增强自信,尤其是如何面对挫折和困境,保持自己良好的心态;再进一步,如何看待友谊,看待背叛,如何面对恋情,如何面对失败,如何面对财富,以及失去的财富,这一切的一切,都需要学,但是课本教不了你。课本里,有知识,有技能,但唯独难以陶冶你的性情,锻造你的心性。素质是一种软实力,一种可以凭借知识和技能无限放大的能量;如果一个人只有专业知识和技能,而缺乏相应的软实力,就像一台电脑,尽管性能良好,但缺乏必要的软件,也一样等于废物。

本人从教 30 多年,教过的学生不计其数,但从来没有见过哪怕一个不爱读书的学生日后有出息的。人的所有,差不多都是学来的,家庭可以教你,社会也可以教你,但一个有出息的人从中获益最多的,还是书本。从这个意义上说,学会了读书,就有了一切。吃饭是为了活着,但活着不能为了吃饭。一个人想要活得好,活得有滋有味,那么,就得把书当粮食来看。孔子闻韶乐,三月不知肉味,对于一个读书人来说,书就是韶乐,只有肉,没有书,肉也不香。不能说这样的人都有出息,但至少,这样的人才可能有点出息。

现在,许多家长都希望把自己的孩子培养成贵族。当然,我想这些家长们,不是想让自己的孩子住进欧洲的城堡,天天穿着燕尾服,只是希望孩子能有贵族的气质和教养。欧洲太远了，中国自宋代以后就没了贵族，但自古就有书香门第。一个家族，只要几代都有读书人，家藏有几柜子的书，就是读书人家，缙绅人家，这样的人家，教养、品位、知书达礼，所有的一切，不是血统的遗传，而是从世代的书香里来的。

　　读书要读好书，读能跟那些绝代的成功者、大师们对话的书。世界上存在过那么多杰出人士，他们的成功为世人仰慕，各有各的理由，个中道理，在他们的文章中有，但要靠仔细读了之后自己悟。没有机会追随大师的左右，经大师亲授，但只要读他们的文字，也可以升堂入室。众多的成功者、大师汇聚起来，变成一本不厚的书，摆在我们的眼前，《"读•品•悟"青少年受益一生的励志书系》就是这样的一套好书。古人云：开卷有益。

张　鸣

6月6日 于北京

　　张鸣　1957年生，浙江上虞人，中国人民大学政治学系教授、博士生导师。有《武夫当权——军阀集团的游戏规则》、《乡土心路八十年——中国近代化过程中农民意识的变迁》、《再说戊戌变法》、《乡村社会权力和文化结构的变迁（1903-1953）》、《近代史上的鸡零狗碎》、《大历史的边角料》多部学术著作出版；另有《直截了当的独白》、《关于两脚羊的故事》、《历史的坏脾气》、《历史的底稿》、《历史空白处》等历史文化随笔陆续问世，引起巨大反响，其中《历史的坏脾气》荣登近几年畅销书排行榜。

序

第一辑　酸涩少年的收获季节

　　在青春年少的时候,明星们也有过葡萄藤般肆意成长的日子,那样的日子就像夏日里无端飘起的令人不知所措的雨。初识愁滋味的季节,成长的岁月浸透了淡淡的酸涩,成功与迷失、掌声与骂声、命运的坎坷与突如其来的机遇……亮丽的青春总会交织着那么几抹灰色。跌入人生谷底可以再次奋起,翅膀受伤了仍可以鼓起断翅去追梦。

　　只有经历风雨洗礼的葡萄才能变得成熟甜美,只有经历磨炼而不放弃的人才能等到生命的收获季节。

002　酸涩少年的收获季节 / 陈坤

007　蜗牛的哲学 /(香港)张学友

011　人生的股盘 / 何炅

013　演员是待选的大头菜 / 黄晓明

015　永不放弃 /(香港)郑秀文

018　我谁也不模仿 /[意]索菲亚·罗兰

目

录

第二辑　成功性格的结构

　　有位美国记者曾采访银行家摩根:"决定你成功的条件是什么?"摩根毫不犹豫地回答:"性格。"记者问:"资金与性格何者重要?"摩根一语中的:"资金重要,但更重要的是性格。"

　　心理学家研究发现,一些良好的性格是成功人士的共有特质,例如积极、开朗、坚强、和善、敢于冒险等。在他们看来,人们培养健全性格的重要性超过了智力的开发。良好的性格是成功必不可少的条件。

022 成功性格的结构 / [英]斯坦厄普

025 我人生的第一桶金 / 胡敏

027 不上路,就让路 / 鲍尔吉·原野

029 成功的心理品质和条件 / [英]达尔文

032 初识成功 / (香港)梁凤仪

034 挑战自我 / [俄]康·巴乌斯托夫斯基

036 忠告 / [美]罗纳德·里根

038 坚持到底的报酬 / [美]安东尼·罗宾

041 年轻人怎样做才能取得成功 / 朱清时

044 成功者从不等待时机 / 刘燕敏

第三辑 不成功人士的八大错误

生活中有许多人走上了事业的巅峰,但是更多的人虽然聪明睿智,却未能获得成功。为什么会有如此的差别?当然,运气是一个原因,更重要的是由于人们对生活的不正确的态度和行为,使自己陷入了困境。

不成功人士,常常有着共同的错误和缺点。避免这些恶习可能就是你成功的开始。

048 不成功人士的八大错误 / [美]本杰明·斯坦

052 学问贵在能用 / (台湾)王永庆

056 一分钟改变自己 / [英]斯宾塞·约翰逊

061 梦想与面包 / (台湾)吴淡如

063 惰性是成功的天敌 / [美]拿破仑·希尔

068 优柔寡断的危害 / [美]奥里森·马登

第四辑　成功是个相对值

　　上帝听说每个人都前所未有地崇尚成功,于是问了很多凡人:"你认为什么是成功?"有人说:"成功就像大款一样有闲有钱。"有人说:"成功就像名人一样有头有脸。"

　　上帝听了,化身为一个有钱的明星,拦住一个正在休闲地骑自行车的男子:"我有钱有名,你认为我和你谁更成功?""我是父母的好儿子,子女的好父亲,妻子的好丈夫,我自由而且快乐,而你只有钱和名,你说谁更成功?""成功的标准难道不是我们这些有钱人给的吗?"男子微笑着说:"那上帝造我们这些人出来干什么呢?"

074　成功之外的人生选择 / 谢有顺

076　成功的人生 / (台湾)傅佩荣

078　成功的误区 / 徐浩渊

083　什么才是真正意义上的成功 / (台湾)李开复

088　两个女人的不同轨迹 / 毛志成

091　成功的真谛 / 周国平

093　成功 / [美]爱默生

097　人生成功的因素 / 冯友兰

102　成功是个相对值 / 林夕

104　钟点工 / [美]托妮·默里森

第五辑　你离挨饿只有三天

　　升学、就业、考研、留学、跳槽、创业都是青年的人生选择,并无一个规则。问题是:它是否能使你获得幸福的生活,实现人生的终极价值?要想成功,实现人生梦想,就应先就

业,也就是靠什么谋生,解决温饱;有了职业,通过稳定收入,拥有安全感;最后才是成就事业,实现人生最大价值。

伟大出于平凡,辉煌也来自卑微。微软离破产永远只有半年,你离挨饿或许只有三天。以获得"就业"为最低纲领来设计自己的人生,首先要生存下来,才能更好地追求其他梦想。

108 你离挨饿只有三天 / 徐小平

112 联想需要怎样的人 / 柳传志

117 北大毕业等于零 / 王文良

119 一心一意 / [法]安德烈·莫洛亚

121 不要轻言放弃 / [德]马丁·海德格尔

123 领袖 / (香港)李嘉诚

127 构筑创业梦想的六个台阶 / [美]谢洛德

131 惠普是这样搞定的 / (台湾)厉馥华

133 你适合自己创业吗 / [美]杰克·韦尔奇

135 我是这样晋升的 / 海岩

第六辑　少谈成功,多谈困境

我时常在想,我们喜欢读名人传记,是因为我们想了解他们是怎样追求成功的吗?应该不是。他们的成功离我们太远。

后来我想通了,原来我们这些普通人不是想看成功者的伟大,而是想了解他们的平凡——我们是想看成功者面对困境时的彷徨无助,看他们期待与现实的落差,看他们在苦难中体味的细微温情,原来我们都在寻找人性中共通的使人战胜困境的力量。

138 少谈成功,多谈困境 / 杨澜

140 我曾想比城里人还城里人 / 葛红兵

144 前方是绝路，希望在拐角 / ［加拿大］陈思进

146 冒一切险 / ［印度］奥修

149 关于生存 / 间丘露薇

153 在困境中坚持就会绝处逢生 / 王石

目

录

失败犹如指南针，在我们一次次跌倒，找不到方向时，以它恒久不变的指针，说明着错误的方向，然后提示我们：转过身去，对面便是成功。

第一辑
酸涩少年的收获季节

  在青春年少的时候，明星们也有过葡萄藤般肆意成长的日子，那样的日子就像夏日里无端飘起的令人不知所措的雨。初识愁滋味的季节，成长的岁月浸透了淡淡的酸涩，成功与迷失、掌声与骂声、命运的坎坷与突如其来的机遇……亮丽的青春总会交织着那么几抹灰色。跌入人生谷底可以再次奋起，翅膀受伤了仍可以鼓起断翅去追梦。

  只有经历风雨洗礼的葡萄才能变得成熟甜美，只有经历磨炼而不放弃的人才能等到生命的收获季节。

酸涩少年的收获季节

□ 陈 坤

陈坤 生于重庆。18岁时，从重庆歌舞团到北京报考东方歌舞团，他一考即中；1996年被朋友拉去考电影学院，他又以三试第一的佳绩脱颖而出。出演的影视作品有《国歌》、《云水谣》、《像雾像雨又像风》等。

最大的梦想是"全家住一所大房子"

我出生在重庆市中心对面的阳北城，在河边长大。我最刻骨铭心的是童年的孤独与无助。我从小在外婆家长大，人们都说是隔辈亲。外婆很是宠着我和弟弟，纵容我们在她膝下撒娇嬉闹。她一双小脚总颠颠地跟在我们的屁股后面，像老母鸡护着小鸡崽一样为我们挡住朝来雨晚来风。

11岁那年，我回到妈妈身边，可是刚刚开始享受到母爱，我却在学校遭遇更大的心灵创伤。那个时候班里的同学都不愿意和我一起玩，他们的理由很简单，班上所有的同学只有我来自单亲家庭。童年时听同学们对我说得最多的一句话就是"今天我们一起去郊游，除了陈坤"。每次眼巴巴地看着他们开开心心地走远，我就会找个地方窝起来，把自己封闭在一个自己喜欢的世界中。

正是这样，使我对母亲的热爱超过任何人家的孩子。早熟的我早早地就把自己定位为一个顶天立地的男子汉，甚至尝试用自己羸弱的肩膀去呵护妈妈。有一年妈妈过生日，我拿出攒了一年的压岁钱去菜市场买了个大面包。那个时候还不知道什么叫西餐，我自己创意，把面包切开，放进整片的西红柿，送给妈妈做生日礼物。妈妈吃着这个特殊的蛋糕，转过身悄悄擦着眼泪。

从小我就没有什么远大的抱负，总在为一个实实在在的具体目标而追求。初中的时候老师让每个人写理想，我一个字都写不出来。当时我最宏伟的目标就是：有一所很大的房子，爸妈和我都住在里面，爸爸妈妈不离婚，我不喜欢的人也不出现。初中毕业后，我很想学一门技能，想尽快地工作挣钱，尽可能地帮家里一把。不久我考上了职高，学计算机。选择这个专业的理由非常单纯：毕业后学校会介绍到一个事业单位，我可以尽快有一份稳定收入。真的如愿以偿，我被分配到市委机关印刷所当打字员，单位在市中心。还记得第一天上班时，我特别满足的不是这份工作，而是第一次真正地住在市中心。我甚至发出"天啊，市中心原来这么好"的感慨。

难忘歌厅的动荡岁月

从高二开始，我就一直利用业余时间在一家歌厅当服务生。或许是注定要经受漂泊，我终于决心舍弃可以转为国家编制职工的机会，完完全全做了歌厅的职业服务生，倒酒端盘子了。这个工作虽然不体面，但是工资待遇挺高，如果服务好有时客人还会给一些小费。当服务生的日子里，我拼命工作，睁开两眼就跑去歌厅，黎明时影子陪我孤独地回家。那些青春的迷茫和梦想没来得及翻开就合上了。

因为尽职尽责，我很快升成了大堂领班，有时候可以挣到2000块。对于一个刚高中毕业的孩子来说，真是很大一笔收入了。天天泡在灯红酒绿的歌厅，在厌倦与麻木中我慢慢学会用唱歌温暖自己的心灵，同时更羡慕歌手：唱歌那么轻松，挣的钱比我还多。终于有一天，趁着老板高兴我提出了酝酿已久的请求："老板，可不可以让我唱歌？我不收钱，所有人唱完的时候，我也在上面唱一支歌，工作一定不耽误。"向老板申请了好几次后，老板终于发话了："只要不收钱，就让你练练吧。"第一次上台我唱的是《新

鸳鸯蝴蝶梦》，还没唱完，旁边就有歌手喝倒彩："真难听，嗓子都快扯破了！"可我一点都不气馁，在客人最少的时候照唱不误。最后，一个比我年长的歌手被我的劲头打动了，就给我出主意，建议我跟着重庆歌剧院的王梅言老师好好学唱歌。

和王老师见面改写了我一生的轨迹。很顺利地跟着老师学唱歌了，可我从来没有梦想过要成为一个红歌星。我只要能应付在夜总会唱歌，比较轻松地挣钱就行，这样我的家人就可以过上比较好的日子了。

跟着王老师学唱了一两年，我终于不用端盘子了，而是加入到唱唱歌就能拿到高工资的行列。一晚上 80 块钱，好像还有 100 块钱一晚上的时候。那时和现在跑场子不一样，我必须整夜待在一个歌厅，开场的时候就开始大合唱，中间唱两首歌，下半场再唱两首歌，最后再合唱。有时真的是好倦好倦，不愿再看清红尘中各式的假面，只渴望能醉在悠扬的音乐中，忘却今夕是何年。至今记得拿到第一笔大钱时，第一个念头是给妈妈买些东西，然后自己到饭馆去吃一顿辣子鸡。我真的那么做了，那是我第一次毫无顾忌地买东西孝敬妈妈，也是我第一次请自己吃那么奢侈的饭。

看着我在歌厅唱歌知足常乐的样子，王老师着急上火了："陈坤，你一定要有自信心，该放远眼光，把你该做的事业做出来。"妈妈也经常鼓励我："不要为了养家误了自己的前程，要活得有理想。"可即使天天浸泡在她们的劝导与鞭策中，我也是在一两年后才有勇气要寻找自己的事业。当王老师再度提起"你可不可以到东方歌舞团试一试，考一次，哪怕不行，你也算见过世面了"时，我终于决定北上。

其实，当时我决定离开重庆去报考东方歌舞团，实在也是无路可走了。我在夜总会唱歌已经在走下坡路，不断有更多好歌手加入进来，加上我是个不很喜欢闹腾的人，和客人的关系总是处得不太好。自从那个歌厅老板辞退我后，就很久没有找到工作，谋生的艰难已经让我焦头烂额。

人穷志坚"北漂客"

带着一种很现实的悲壮感，18 岁的我独自远行，加入"北漂"一族。也许是上苍眷顾，没有专业学历，没有任何背景的我，报考东方歌舞团，竟一考即中，成了一名独唱演员。

因为基础差，我就天天在琴房里练歌。但是我基础差到不会弹钢琴，不识谱。于是我就从零开始，从最简单的"哆咪咪"直到后来识谱甚至自己能填词。从那时起我才发现自己是一个特别缺乏安全感的人，于是就给自己定了一个目标：我一定要做到让我自己看得起自己，让我自己不要再害怕后面会有人在质疑我。我现在都为此而骄傲，因为这些不安全感促使我更加努力地工作，远离惰性。

1996年3月，我从江苏演出回来，可谓被幸运撞了一下腰。我们团里有个跳舞的同事叫陈畅，他要考电影学院。我当时非常闲散，就答应陪他去壮胆，顺便去看看电影学院究竟是什么样。我陪他去了，结果一个老师问我："你怎么不报名？"手头拮据的我表示，几十块钱的报名费太贵了，反正考不上，那儿参加考试的人有成百上千。其实我心中的目标就是做歌手，没有想过转行当演员，尽管在做歌手的道路上，每扇门都不曾顺利地为我开启。"我借给你，"陈畅一再鼓动我，"考上了还给我，没考上就别给我了。"结果我是那一届最后一个报名的，却以三试第一的佳绩脱颖而出。

电影学院每年近万元的学费是我最大的负担，家境贫寒的我只能半工半读，白天认认真真做学生，晚上跑到歌厅唱歌赚钱交学费，还要给家里寄些钱。这种生活持续了一年半。由于我每天凌晨一两点钟回学校，长期睡眠不足，加上省吃俭用营养跟不上，我经常在上课时打瞌睡，学习成绩非常不理想。面对这种情况，我明白自己必须作出选择：安心读书，或者放弃。这个时候，过去艰难的一幕幕过电影般在脑海里浮现，我猛然明白，完成学业才是改变命运的最好机会，这么宝贵的机会不会重来，我必须将它抓住。

仿佛是上天对我作出正确选择的褒奖，正处困境的我忽然时来运转。1996年后的几个月时间，我陆续接了近十个广告，那时拍一条广告能收入一两千元，顶我在歌厅半个月的收入。我感觉自己实在是太幸福了，越发坚信只要自己不认输，生命中总是充满柳暗花明的契机。

命运掌握在自己手里

我的第一部作品是吴子牛执导的《国歌》，那是我在大三时拍的一部

实习作业。吴子牛和我是同乡,他给了我很大的表演空间,让我很自然地完成了由书本到表演的过渡。随后是《金粉世家》、《巴尔扎克和小裁缝》,一直到《粉红女郎》。庆幸的是,这些戏都获得了观众的极大认可。电视剧《永不瞑目》投拍之前,我先见到了赵宝刚导演。三次试镜,前两次都挺放松,导演觉得我不错,结果第三次莫名地忐忑不安,表现欠佳。最后赵导起用了陆毅,我也觉得顺理成章——并不是所有的东西都该是你的。本来,从小到大,有哪样东西本该是属于我的呢?

赵导似乎对放弃我一直过意不去,我终于遇到了《像雾像雨又像风》。有人说这部戏是为我量身定做的,甚至出演的角色名字与我的也只有一字之差,叫"陈子坤"。这些虽然对我的表演没有什么意义,却让我突然就产生了一种自信——原来赵导一直知道,陈坤这孩子是可以用的。

演《金粉世家》完全是我的经纪人李晓婉女士和李少红导演促成的。其实很早之前,我就看过这部小说,我很不接受男主角金燕西的懦弱与浮躁,再加上我根本没有类似的经历,所以一开始根本没想过要去演他。李晓婉一句话点醒了我,她说可不可以试一试,去演一个感觉有隔阂的角色?我一下子被激发了,接下戏来,全力投入到饰演金燕西的挑战中。

我清楚地记得最后一个镜头是金燕西坐在火车上,睁着眼睛沉浸在往事中,一滴泪无声地滑落。我相信大家能够在它折射出的柔光中,理解一个年轻人努力想被生活认可的内心。当时,我感觉自己突然长大了。

现在的我,可以说已经远离了昔日的艰难困苦,这都是靠我自己努力工作得来的。今天,我们全家一起住在一所大房子里,生活平淡而幸福。为了事业更加扎实,我一直都在作准备,每一天都在学习。与此同时,我也在渴望成为一个好儿子、好兄长,以后还会成为一个好丈夫、好父亲。

最有希望的成功者，并不是才干出众的人，而是那些最善利用每一时机去发掘开拓的人。

——[古希腊]苏格拉底

蜗牛的哲学

□ (香港) 张学友

张学友 香港歌手、演员，著名的香港乐坛四大天王之一。作品有《每天爱你多一些》、《吻别》、《祝福》、《情网》、《想和你去吹吹风》、《相思风雨中》、《一千个伤心的理由》等脍炙人口的歌曲，被誉为继许冠杰之后的新一代"歌神"。

从第一份工作说起

我记得第一份工作是在政府贸易处当助理文员。那是一份非常刻板的工作，我每天只需打三四个电话，便再没有什么可做的了。中午，则买一个盒饭，坐在大会堂吃，天天如此，我觉得不能再这样下去了，便辞了工作再转往一家航空公司工作。事实上，第二份工作的工资，比第一份还要少。幸好，我的家人没有给我压力，只要求我工作，不要游手好闲便可以了。

我爸爸是当船员的，那时刚好是波斯湾战争期间，爸爸的船是走那条航道的。听爸爸说，有一次炸弹还击中了他们相邻的一条船，我听后很害怕，很怕爸爸有危险，只希望自己可以快点工作赚钱，减轻爸爸的负担，让他不再当船员，找一份工资较少但不用背井离乡的工作便好了。

从小妈妈便教我什么是对，什么是错，她虽然没有详细地去分析，但

第一辑　酸涩少年的收获季节

若我做错了事,她一定会责罚我,也使我体会到什么应该做,什么不能做!

我也没想过要一下子飞黄腾达,只是希望循序渐进地由一个文员做起,至主任、经理及总经理,那便是我当时的目标。

成功与迷失

踏入娱乐圈是突然的,成功也来得太快,我还没做好心理准备,只知道一下子便大受欢迎。第一、二张唱片,都卖到20万张的销量,走在街上或站在舞台上,我都听到别人亲切地呼唤着"学友"、"学友",接着我便开始拍戏!

我那时没想过也没有深究过为什么自己会如此受欢迎,也懒得去寻找答案。我沉溺在成功带来的满足感和优越感之中,只知道尽情去玩,渐渐地变得放纵而不自知。

回想起来,我当时就像寓言故事《龟兔赛跑》中的兔子,自恃自傲。我知道,也坚信人在某种程度上要受到道德及理性的规范和约束,但那段时间,我失控了!因一切事物对我太新了,人又不成熟。结果我放纵、任性、骄横,也可能因而忽视了别人的感受,无意识地得罪了许多人。

跌得身心都是伤

我当时不明白为什么会一下子跌得那么快,那么痛,就和我当初不明白为什么自己会成功一样。我只知道唱片的销量一直下降,第三张唱片卖10万,接着一张是8万,第五张是2万,跌幅惊人,我呆了,为什么会这样呢?

当我再走在街上,不再是"学友"、"学友"的被叫唤着,换来的是不再友善的目光及粗言秽语。在舞台上,我接收到的,也不再是喝彩和欢呼声,而是一阵阵嘘声!痛苦吗?当然是十分的痛苦和难过。我接受不了这突变和残酷的事实,我没有去寻找原因,只是想逃避……

我变得更放纵,我酗酒,每次都喝得烂醉如泥,借此去发泄,去骂人,还给自己借口——因我承受了太多的压力,我要借此去宣泄。结果是让自己更沉沦于酒精里面，因为我不能面对失败！

鼓着残翅再飞翔

那段沮丧和失落的日子维持了两三年，我一直沉睡于醉乡，但酒醉过后，也总有清醒的一刻。我开始慢慢去检视自己的情况，我清楚一个事实：我已无退路！我当时已是一个公众人物，而且已声名狼藉，就是我甘于平淡，找一份普通的文职，从头再来，别人会接受我吗？我又能否接受别人的批评和看法？我实在已无选择，要活下去，就要留下！

娱乐圈是现实的，"一沉百踩"是不争的事实，重新站起，过程的艰辛不足为外人道。我还要面对一些人为主观态度而加诸我身上的捏造、指责和攻击，我要努力去平衡内心的绞痛。

我是从"V"字的一边滑到谷底，现在要从谷底再爬上去，真是举步维艰，但却令我体验了一个事实，就是当你决定要面对挫折和困难时，原来并不是没有出路的！

我努力地振作精神，努力拍戏，因为我不知道还可以拍多久，我更急切地要为自己的经济打好基础。另一方面，我也开始认真地去研究，为什么自己的歌唱事业会一落千丈。我将自己过去的唱片，重新再看、再听，一遍又一遍，终于发现我过去太依赖别人，其实，只有自己才最清楚自己的能力和歌路！

我又检讨自己的处事方法，我从前不懂得努力，只懂得因循过去的成功方式，更自我失控和放纵……

我开始找到失败的原因，我努力地用时间和行动逐一矫正过来。我明白了，要站起来，还是要靠自己的意志力，旁人只能给你鼓励和支持。

蜗牛的启示

压力，我相信是没有人可以避免的，但很多时候，我觉得压力是自己给自己的，相信很多人也明白这个道理。要舒缓压力，最重要的是要清楚自己的位置和方向。今天，我希望的，就是做一只蜗牛！

第一辑　酸涩少年的收获季节

你仔细看,蜗牛永远也不会理会旁人怎样推迫它或催促它,它就是这样的无视外来压力,只依着自己的步伐和所选择的方向,固执地走着。今天,我知道自己要走的方向,我也明白不可以一下子就做到世界最好的,但只要目标清晰,努力过,那便足够了!

就好像最近的一张唱片,外界便批评我唱片内还有一首非原创的歌曲,是的,那是事实,所以我接受,但我已尽了力,下一张唱片,我会更尽力去做到全部是原创歌曲。但假如真是不能够的话,我也没有办法,有些事,是急不来的!

今天,我心目中已无"成功"或"失败"的名词,其实又怎样去界定呢?如果今天我对你说我已"成功",我岂不又再重蹈覆辙!

心底的几句话

我觉得,我的经历或许可以给年轻的朋友和读者当做一面镜子,请记住,不要低估自己,也不要因一时的挫败去判断自己一生的成败。反之,要对自己有信心和明白自己的能力。不要逃避挫折和失败,因为它将会是一个难得的自我锻炼的机会!

人生的股盘

□ 何炅

何炅 1974 年生于湖南长沙。湖南卫视主持人。北京外国语大学毕业。活跃于电台主持、电视主持、戏剧影视表演、歌唱、写作等多个领域。成功主持了湖南卫视《快乐大本营》等著名电视节目,受到广大观众的欢迎。

歌手李慧珍来上我的节目,看着她唱歌的背影,搭档沈凌特别真诚地问:"唱歌这么好听的一个女孩,怎么就那么背啊?"

李慧珍当年很是红过,一首《在等待》唱得街知巷闻。张学友的演唱会,从香港到内地,也都是请她当唯一的助唱嘉宾。后来因为一场病,很重的病,李慧珍消失在歌坛,转眼就是六年。

脑子里长瘤,说来真是很恐怖的事情。好不容易伽马刀手术成功,又发现全身的内分泌系统紊乱,整个人关节不能活动,每天增加一斤体重,完全是乱了套的身体。当时的李慧珍,走路时腿最多抬到离地十厘米,看到今天在舞台上动人歌唱的她,实在是觉得沧海桑田。

不过,我还是回答沈凌说:"也可以说,李慧珍是幸运的啊!"

不管怎么样,现在的她终于还是可以自由地歌唱着,而原本的命运的安排,也许早就想捂住她的嘴巴。慧珍说她真的遇到很多贵人,我说生命不会太恶意地对待我们,给我们一个坎坷,就会默默地准备好一个通道,

或者在别处安排一个更好的补偿。

那时候刚动完手术的李慧珍没有原因地全身内分泌机能失控,血象指数完全不够,身体不能正常分泌激素,开始怎么检查也查不出问题。最痛的时候李慧珍莫名其妙想到一句广告词:"通则不痛,痛则不通。"于是想到找中医去求救。这样的灵光一现救了命,刘医生一检查,发现她经脉都离了位,脱了槽,情况严重到好像一个人完全散了架。好心的医生一点点帮她调理,一点点帮她复位,重新整合了一个新的李慧珍。一步步挪去病痛的慧珍,奔跑着离开诊所,不幸的她幸运地遇到了贵人。

还有收费最贵还预约不上的顶级声乐老师不收分文给慧珍上了十堂声乐课,别的歌手可能捧着大把银子也没有办法得到真传。日本的制作人,顶着唱片公司所有人都不看好李慧珍的压力无怨无悔地为她做专辑,赚不到制作费不说,还常常自掏腰包两地奔波,只是为了他非常喜欢和相信这个声音。

这也是别人求也求不来的福分,李慧珍有。

李慧珍在我的节目里淡淡地说:"人生就像一个股盘,涨也好,落也好,我都不怕,我只怕封盘。不管我的股票跌到多惨的地步,只要盘还活着,我就有再起来的那一天!"

很精彩的人生。

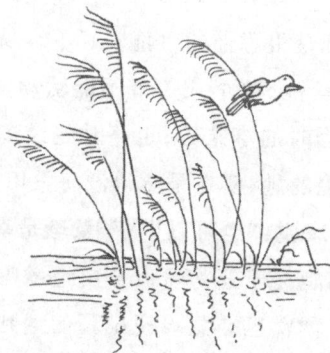

演员是待选的大头菜

□黄晓明

黄晓明 知名影视演员。北京电影学院96届本科班毕业。曾出演电视剧《大汉天子》、《拍案惊奇》、《神雕侠侣》、《风流少年唐伯虎》、《还珠格格3》、《龙票》、《新上海滩》，以及电影《夜宴》等。

因为常常被人看做女孩，我小时候很害羞，跟别人一说话脸就红，也不敢抬起头。读小学时，我的成绩一般，老师却很"器重"我，校合唱队的男生领唱和代表班里做升旗手，都"钦点"我去。

父母并不从事演艺工作，但见我像"小明星"般招人喜欢，就为我报名参加几个儿童剧的面试。记得7岁那年，有电影制片厂选中我演儿童电影的主角，他们说："这孩子长得真不错！"可我太过害羞，根本没法演，他们只好换人。父亲去接我时显得很失望，我倒是自在了，煞有介事地对父亲说："我不想演戏，我要做科学家！"初中时青岛某艺校也选上了我，可我还是打了退堂鼓，读了高中。

上高中后，我没有表现出文艺方面的喜好，而且有些内向，在学校里话很少，一放学就马上回家。同学们说我总是蔫蔫的，给我起了个外号叫"黄大蔫"。

我参加高考那年，已经10年没到青岛招生的北影突然前来招生，在市一中发了招生简章。语文老师对我说："晓明，你朗诵得不错，长得也很好，去试试看吧！"我在老师的鼓励下跃跃欲试，岂料在面试的前一周遭遇车

祸，脚被吉普车轧骨折了，好在当时穿着军靴，问题才不是很严重。面试那天是父亲把我背到考场门外的，他怕我紧张，开玩笑说："要是晓明抽签表演铁拐李，一定能过。"

负责面试的老师是日后的班主任崔新琴，她让我表演"捉蛐蛐"的小品。我无知所以无畏："报告老师，我们青岛没蛐蛐！"有老师因此评价我没有任何表演能力，简直是块木头。崔老师却力保我，她说的那句话已经成为经常被人提起的无伤大雅的玩笑。崔老师说："就算他是块木头，也是块漂亮的木头，我们要了！"就这样，我瘸着一条腿迈进了北影大门。

大二时，我接到第一个广告，是拍奶粉的——两个男孩，两个女孩，摆姿势，拍照片，挣了1500元。拿到钱，我成就感暴涨，可数了两遍后责任感上来了，我立刻把钱寄回青岛。随后，我不停地接广告，接了很多，在学校里有"广告王子"之称。忽然间，我觉得自己演艺之路无比光明。

后来，同学们陆续接到电视剧或电影，我却没人要！老师问制片人和导演，竟发现问题出在我的长相上——长得太正不适合演反角，演正面主角又撑不起戏。一直熬到毕业前夕，我才终于接到一部电视剧，谁知在拍戏的过程中又遭遇车祸。那天，我开着一辆夏利车和一辆迎面而来的大卡车相撞，我的车被撞到另一辆车上再反弹回来，我昏迷超过半小时，醒来后，我神志有些不清，竟对导演说："要不要重拍？"这次车祸，我的下巴和耳鬓共缝了六针，脸肿得像胖子似的。

父母闻讯赶到北京，在照顾我静养的那段日子，父亲怕我泄气消沉，总在鼓励我。一次和父亲逛超市，父亲突然指着货架上的咸菜对我说："演员就是摆在货架上等人挑选的大头菜，你要努力汲取生活卤料，把嚼劲蓄大点，慢慢就会越来越有味道。"

半年后，我果然迎来了人生重要的机会——主演电视剧《大汉天子》。在不断的打磨之后，我终于走上了成功之路。

2006年9月，我参加演出的电影《夜宴》上映时，父母和爷爷奶奶都排队去看首映。奶奶看着排长队的观众，很兴奋地问我父亲："他们都是来看咱们家晓明的吗？"

父亲幸福地笑了："没错！"

永 不 放 弃

□ (香港) 郑秀文

郑秀文　生于香港,祖籍广东潮州。20 世纪 90 年代主攻音乐,迄今推出了 20 多张专辑,被誉为香港乐坛天后之一。1999 年主演电影《孤男寡女》,其后在一系列爱情轻喜剧中出演略带神经质的都市女白领角色,风靡一时,事业重心逐渐转移到电影上;2004 年出演关锦鹏导演的《长恨歌》,获威尼斯国际影展最佳女主角奖提名。

如果不是因《长恨歌》获奖,很多人一定以为我在娱乐圈中销声匿迹了。这两年我的确很少出现在公众场合。当明星,最怕没有人气,可我一点儿都不在乎。

谈"人气"这个话题那天,我正和老爸在浅水湾的一条小道上散步。那时,他刚动过一次大手术,走路脚底打滑,姿势很古怪。我扶着老爸的铁手杖问他:"你现在走路这么慢、这么难看,会不会觉得人家看你的目光有点怪?"老爸微笑着说:"我这一辈子要走的路还多着呢,怕什么呀!我慢慢走,很好。"

慢慢走,很好。就像老爸说的,掌握好人生和事业的节奏,又何必在意别人的目光呢?我轻挽着爸爸的手,感觉十分幸福。事实上,这只是老爸给我的又一次启发和帮助而已。

老爸这一生中苦难极多。经历过两次大的脑部手术，后来又轻度中风，因为他天性乐观，每一次都挺过来了。陪在他身边，我也因此受益不少。

记得我小时候，老爸第一次动脑部大手术，头颅半边被打开，五官肿胀，脸部严重变形。当时我只有十来岁，被他的样子吓得鼻涕眼泪齐下，除了哭还是哭。就是在这样的情况下，老爸也不忘挤出一丝笑容握住我的手说："阿文不要哭，你可是爸爸心目中最美丽的塑料花！"

老爸的理想是当一名教师，命运偏偏同他开玩笑，满身艺术细胞的他却成了生意人。30多年来，他一直把时间消耗在无聊的塑料制品生产和交易中。一天，我亲眼看到他在40℃高温的喷漆房内，机械地为每件"塑料超人"添色，他的两个大鼻孔都被染成鲜绿色。我指着他的鼻孔大笑，他也笑着把喷枪对着我，吓唬我："要不要给你也上点色，把你也变成一朵漂亮的塑料花？"

站在老爸的病床前，年幼的我想起车间的那一幕，觉得又滑稽又难过，但最终看着老爸那勉强挤出的笑容，我还是破涕为笑了。

这，就是老爸想要的效果：只要快乐，一切都会好起来。

那阵子，我们家经历着最为严重的经济危机：工厂的效益很差，入不敷出。父亲虽然抱病，但还是鼓励我们，他经常对我说的话就是："阿文，我希望你做一朵坚强的塑料花，永远不褪色，永远漂亮，风吹雨淋全都不怕！"

但漂亮的塑料花可不是那么好做的。小学四年级那年，我因连三位数乘以两位数也算不来，老师屡屡教我还是学不会，便赌气不肯去上学了。老爸苦劝无效，竟抬手给了我一巴掌，我哭哭啼啼地出了门。

谁知晚上回到家，老爸竟然谦和地向我道歉："我担心了一下午，生怕伤到你，更怕伤了你的心。"那一刻，我感动得像个塑胶人，动弹不得，只有下巴在发抖。这一巴掌，让我知道了老爸的苦心——虽然我的数学成绩还是很差。

踏入演艺圈后，我见识了各种各样的人，还要应付形形色色的刁难，但不管怎样，我一直提醒自己，要像老爸教导的那样，做一朵坚强的塑料花。

有一段时间因工作压力大，我只好不断吃东西来减轻压力，结果体重

取得成功应靠自己的行动,而不是靠他人的恩宠。
——[古希腊]普劳图斯

直线上升。外界纷纷传言我得了病,所以飞速发胖。

那时老爸身体也不好,我沮丧地坐在他的床头,他安慰我说:"管他是胖还是瘦,只要你还是漂亮的花儿就好。难道有人会用胖瘦来判断花儿漂不漂亮吗?"听着老爸奇特的安慰,我的感激喷涌而出,简直想抱着他亲吻。

老爸性情乐观,他自身的情况却不容乐观。老年时他苦练书法,想作出成绩来,顺便帮助脑部康复。可老天不长眼,他再度中风,左脑的功能降为零。看着他瘫痪似的躺在床上,仿佛陷入极端的禁锢中,我心里就难过,可他不当一回事。我的卧室与老爸的卧室挨得很近,每晚 11 点,我都会听到他准时练那套自创的"康复操"。对中风患者来说,那些简单的动作实在太艰难了,可老爸坚持不懈。有时我悄悄看他练习,恍惚中,在床头灯的映衬下,老爸坐在那里竟有点像发光的圣体。

世事就是这样,年轻时,父亲想做教师而不得,中风后,却以义工的身份成了一名社区教师教授书法,教人的同时娱乐自己。那时他的右手已不能动了,他就说"一切从左手开始",还把自己用左手写出的第一幅书法作品用镜框裱起来,挂在家里。每次看着那幅字,我就觉得其中暗藏着"永不放弃"的气魄和光芒,也正是有这种气魄和光芒的滋养,我才得以成为今天的我。

我谁也不模仿

□[意]索菲亚·罗兰

索菲亚·罗兰 女,1934年生于意大利罗马。著名国际影星。拍摄的作品有《两个女人》、《昨天、今天和明天》、《意大利式的结婚》、《向日葵》、《卡桑德拉大桥》等。半个世纪以来,她以动人的风采、卓越的演技给人们留下了70多部影片,被授予奥斯卡终身成就奖。

自我开始从影起,我就出于自然的本能,知道什么样的化妆、发型、衣服和保健是最适合我的。我谁也不模仿,我不去奴隶似的跟着时尚走。我只要求看上去就像我自己,非我莫属;我认为要做到这一点,不能依靠奇形怪状的或追求时尚的整容,而只需把自然赋予我的一系列不规则的组合——高鼻、大嘴、瘦颊、高颧略加修饰就可以了。起初,我尝试着用浓妆,变换眉毛的形状,每星期变换头发的颜色,从金黄到淡红到乌黑,这些都说明我对自己没有信心。我不知该怎样打扮,或者说我不真正了解自然给我的容貌。许多人把浓妆作为掩盖自己的面具,尤其是年轻妇女。我体会到,过多的化妆使一个女人的面容苍老,甚至能破坏她脸上的表情。

在研究了我的银幕形象和剧照后,我开始发现我的外形太人工化了,如果我能尽量使我的脸形保持原来的形状,效果准能好得多。所以,我停止变换发色的试验,尽量少用化妆品。在银幕上我用的化妆品甚至比日常生活中用的还少,因为在银幕上我愈显得自然,就愈能打动观众的心,银幕下的化妆我也减少到最低限度。我把重点放在我的眼睛上，我认为我的眼睛长得最好，所以我把上眼睑描黑，再沿着下眼睑画一条头发似的细纹，两头和上眼睑的弧线相连。我希望不用唇膏，但办不到，因为我的嘴唇太黑，我的一张没有唇膏的相片，反而像涂了深色唇膏。我还发明了一种减小我的口唇的唇膏使用法。我只用婴儿油当雪花膏——其他一概不用。

我深信外表美是和内心美有直接联系的。眼睛不美并非单纯由于太大或分得太开，同时也由于它们反映了一个女人发自内心的某些东西。我的眼睛就是我灵魂的一面毫发不爽的镜子。如果你熟识我的话，你就能从我眼睛的表情里分辨出我是喜还是忧，是焦虑还是平静，是厌烦还是兴致勃勃。卡洛会像看股票市场行情指示器那样鉴别我的眼神。他很少需要问我心情如何，或我感觉如何——他知道。

我坚信凡是能帮助一位妇女克服对老年的恐惧心理的措施都是值得一试的。当然，按年计算的年龄往往和一个人的智力年龄、形体年龄和精神年龄大相径庭。年龄是你的一种自我感觉。我特别喜欢有一次一位法国男人在这个题目上对我说的话："女人从 35 岁到 45 岁便老了；而某些女人在 45 岁时像着了魔似的一下变得美丽、成熟、热烈——一句话，精彩了。酸溜溜的东西没有了，代之以娴静。"

当我说女人应当保持自然时，我并不是指她们不应当使用化妆品，或者不应当尽可能地使自己容光焕发。但化妆也好，其他美容措施也好，只能顺乎天然的容貌，而不应当违背自然的意愿。例如，一张小嘴可以通过化妆使之美丽，但不宜为了放大而乱涂唇膏，小也有小的美。同样的，白皙的皮肤不应当涂上棕色或红色的东西，过分的浓妆永远不会吸引人。我甚至敢说，应当珍爱自己形体上的缺陷，与其去消除它们不如改造它们，让它们成为惹人怜爱的个人特征！

我从不进美容院。我讨厌他们那里嚼舌头的风气，并且时间浪费太大。美容院能为我做的一切，我能做得更好。当然有些女士比较懒，有的存心去消磨多余的时间，但绝大多数理发师和美容师宁可按他们熟练的式样为你化妆而不愿根据你的特征为你精心设计。我承认由于我是一个职业女演员，我有机会学会一些普通妇女学不到的美容知识，但我确实认为，如果你真想自己化妆，你只要像我那样多多研究自己的优缺点，做些

试验,你一定会收到比上美容院更好的效果的。如果你参观过百货商店美容部的美容师的工作,看过他们在顾客们脸上的示范动作的话,你一定会发现他们对每一个不同脸形的化妆是千篇一律的。他们会告诉你哪些是最时髦的式样,但请注意:必须让式样适合妇女,反之则不行。

衣服的原理亦然。我不认为你选这个式样,只是因为伊英·圣劳伦特或第奥尔告诉你,该选这个式样。如果它合身,那很好。但如果还有疑问,那还是尊重你自己的鉴别力,拒绝它为好。跟着时装的潮流穿衣,当然是可以的,但请勿制造潮流。你可以改造一下时新的式样,以适合你的特殊需要;重要之处在于你对自己穿的衣服要既觉得合体,又显得舒适。如果我对我穿的衣服感到不对劲,我会整个晚上如坐针毡。我觉得扫兴,觉得自己毫不动人。所以,一旦你找到了真正适合你自己的式样,你的所有穿戴都可以它为基准。根据自己的情况穿衣吧!

另外再警告一句:不要因为这件衣服在时装杂志上十分动人而匆匆忙忙地上街去购买。穿那件衣服的模特儿是身高5英尺10英寸,而且几个月来除乳酪和大豆外什么也不吃。你的衣服往往表明你是哪一类人物,它们代表你的个性。一个和你会面的人往往自觉不自觉地根据你的衣着来判断你的为人。问题不在于你的衣服是否贵重,它们的式样、颜色,以及穿着的方式——那才是必须考虑的。一件朴素的印花衫可能比一件出于时装设计名家之手的长袍更潇洒——这主要看谁穿。自然,如果经济上很宽裕,你对式样的质料可以有更大的选择余地,但每个人都能按照自己的需要使自己漂亮,这是一个趣味问题。培养趣味和学习外语有点相似。衣服方面的高级趣味反映了一个人的健全的自我洞察力,以及从时新式样选出最符合个人特点的式样的能力。式样今天流行这种,明天流行那种,狂热时起时落,衣裙忽短忽长,没有一种靠得住的一成不变的式样。你唯一能依靠的真正实在的东西,说来也许显得抽象,就是你和你周围环境之间的关系,你对自己的估计,以及你愿意成为哪一类人的感情。

新时装登场时,我采取非常谨慎的态度。我喜欢时新的装束——如果现在流行的是浅色的直筒式衣服,我当然不乐意再穿古板的学生装似的衣裙上街——但多年来,我衣服的基本式样变化很小,我对待衣服就像对待自己一样忠贞不变。

第二辑
成功性格的结构

　　有位美国记者曾采访银行家摩根："决定你成功的条件是什么?"摩根毫不犹豫地回答:"性格。"记者问:"资金与性格何者重要?"摩根一语中的:"资金重要,但更重要的是性格。"

　　心理学家研究发现,一些良好的性格是成功人士的共有特质,例如积极、开朗、坚强、和善、敢于冒险等。在他们看来,人们培养健全性格的重要性超过了智力的开发。良好的性格是成功必不可少的条件。

成功性格的结构

□[英]斯坦厄普

现实态度

一个心理健全的成年人会面对现实,不管现实对他来说是否愉快。比方说,他可能喜欢驾驶汽车,他意识到开车会遇到种种危险,因此他经常检查车闸、车带、车灯和其他部件。而一个不成熟的人却可能想:"我从不会发生意外。"因而忽视任何预防措施。或者他可能属于另一种类型的人,白天检查车闸,夜里失眠,总是担心自己会出事故。

独　立　性

一个成功的人办事凭理智,他稳重,并且适当听从合理建议。在需要时,他能够作出决定并且乐于承担他的决定所可能带来的一切后果。而失败的人常常会感到遇事很难下决心,他希望别人(如亲戚、朋友、同事等)来指点他应该怎样行动。当他不得不自己作出决定时,他可能会变得急躁,惶恐不安,甚至为非作歹。很多不成熟的人拒绝承担他们的决定所应负的责任,出了差错时,他们推卸责任,怨天尤人;获得成绩时,他们常常过分地要求赞扬。

爱别人的能力

一个健康的、成熟的人能够从爱自己的配偶、孩子、亲戚、朋友中得到乐趣。相反，一个不成熟的人爱起别人来很吝啬，却常奢望得到很多的爱，总是希望人们体贴照顾自己，希望自己是人们关切的中心。这种心理对孩子们来讲是可以理解的，但如果成年后还是如此，他就很难与人们建立正常的关系。

适当地依靠他人

一个成功的人不但可以爱他人，也乐于接受爱。婚姻中合理的爱情关系，应当是双方都能够给予和接受爱情所带来的快乐。分享给予和接受爱情与友谊，是一个人灵活、适应性强和成熟的表现。

发怒要能自控

任何一个正常的健康人有时生生气是理所当然的，但是他能够把握分寸，不至于失去理智。他会为了一些长久的利益而对眼前的鸡毛蒜皮不加计较。他可能有时会发脾气，但绝不会因为在某一商店未买到想买的东西这类小事大发雷霆。

有长远打算

一个头脑健全的人会为了长远利益而放弃眼前的利益，即使眼前利益有很迷人的吸引力。例如，一个成熟的学生在考试前复习时，会为了全力以赴地参加考试而谢绝一切社交，牺牲眼前的快乐，考试结束后再痛快地游玩和进行社交。再如，一对成熟的恋人，为了完成学业或出于其他原因，他们会暂时推迟一下婚期，即使他们很相爱也不会仓促行事，因为他们认为暂时的耽搁也许会换来更大更长久的幸福。

第二辑　成功性格的结构

善于休息

一个正常的健康人在做好本职工作的同时,需要并且善于享受闲暇和休假。相反,情绪不太稳定的人常常感到被迫做某事,很少从自己的工作和闲暇时间里享受到快乐;在周末和休假时还在想事情怎样会做得好些,因此他常常得不到充分的休息。一个成熟的人休息时心地坦然,尽情放松,所以再工作时他精力充沛。他也有可能在闲暇的时候还忙一些其他的事情,但他不把做这些事看做是更多的劳动,而是当做嗜好和消遣。

对掉换工作持慎重态度

心理健康的人常常很喜欢自己的工作,不见异思迁。当他确实想掉换一下自己的工作时,必定是出于种种慎重考虑。他不会因为有个别的上司或同事不好相处等小事而掉换工作。

对孩子钟爱和宽容

一个健康的成人喜爱孩子,并肯花时间去了解孩子的特殊要求。不管他有多忙,几乎总是可以找到几分钟来和一个 3 岁的孩子玩耍,或者回答一个大一点的孩子的问题。他所给予孩子的爱要大于孩子所能回报的。

对他人宽容和谅解

对于一个成熟的人来说,这种宽容和谅解不单是对性别不同的人,还应该包括种族、国籍以及文化背景方面与自己不同的人。

不断地学习和培养情趣

不断地增长学识和广泛地培养情趣是一个健康个性的特点。具备这

任何傲慢的胜利者都在促成自己的死亡。我们要当心命运之神，打了胜仗之后，还要提防自己才好。

——[法]拉·封丹

样的特点，一个人就可以从容不迫地生活在这个世界上。他的智慧和对人生的了解是不断地增长的，当他年逾花甲时将不会感到沮丧。

可以说，很少有人在性格上是完全健康和成熟的，但上述这些品质是我们应注意培养的。

我人生的第一桶金

□ 胡 敏

胡敏 湖南华容人，人称"胡雅思"。北京新航道学校校长。荣获北京市第五届哲学社会科学优秀成果二等奖，多次应邀赴国外著名大学进行交流。2005年作为全国民办英语培训机构的唯一个人代表，荣获教育部中国成人教育协会和陈香梅教科文奖办公室联合颁发的"中国民办教育创新与发展论坛暨陈香梅教科文奖"特殊贡献奖。

曾经有个记者问我："你创办新航道学校，也算个企业家了，你的第一桶金是多少？"在他看来，那一定是笔不小的数目。

我答："我的第一桶金只有十几块钱，是一担一担挑土挣的。"真的，那是我生平挣的第一笔钱，数目不大，对我而言却价值不菲。

12岁的寒假里，我向父母提出要打一份工给自己挣学费。父母起初不同意，但禁不住我再三请求，同时也想让我受点磨炼，终于答应了。

村子附近的沱江正值枯水期，河床露出来，下面是厚厚的黄土，正好

做砖瓦厂烧制砖瓦的原料,村里许多人都趁着农闲去挣这份辛苦钱。当时正好有一个外村来找活儿干的表叔也要去挑土,父母就让我和他一起去。反正是按重量计价,挑多赚多,挑少赚少,自己可以量力而为。

第一天,我拿着锄头和土筐跟着村里的人下了河床。湖南的冬季最低温度达零度,空气湿度大,风一吹,寒冷刺骨。但为了方便干活我只穿了件衬衫,冻得直哆嗦。从挖土的河床到收土过秤的地点有一里多路,还要爬上高高的河岸,劳动强度很大,一般只有棒劳力才会干。在长蛇阵一般的挑土队伍中,我年龄最小,个头最矮,挑着几十斤的担子一路歪斜,根本就不敢停步,生怕放下担子就再也没力气挑起来。好不容易走到收土的地方,因我的个子太矮,司秤阿姨拿过几块砖让我踩上去,才把土称了。

一天下来,肩膀早肿了,担子一压上去就针刺一般疼。晚上回到家浑身上下没有一块肌肉不酸痛。第二天早上,我费了好大劲才从床上爬起来,肩膀好像比前一天更痛。真想好好休息一下,可我感觉只要一休息,肯定就不会再去挑土了。今天坚持不住,前一天付出的努力就全白费了。吃完早饭,我拿了工具又奔河床去了。第二天干下来,手上的血泡和肩膀上的皮肤全被磨破了,火辣辣地痛。晚上躺在床上我偷偷地问自己:"明天还干吗?"

第三天早上,表叔先打了退堂鼓:"干不动,太累了!"他的手上也磨出了血泡,肩膀上磨掉了一层皮。送走表叔,父母让我不要再去挑土了。一个棒劳力都受不了,何况一个孩子?这时候我的犟脾气却让我不服输:"我就不信坚持不下来。"

最终,只有一半人坚持到了最后,我就是其中一个。我的手上已长出了老茧,肩膀早被压麻木了。

砖瓦厂年三十发工钱。为了领钱,我刻了生平第一枚私章,看着上面的"胡敏"两个字,特别有成就感。当我把十几元钱交给母亲时,我看见眼泪在她眼睛里打转,我也不由得笑出了泪——我终于能帮补家用了!

按照家乡的规矩,年三十晚必须洗一个澡,换一身干净衣服。脱衣服时我才发现,肩膀上结了一层厚厚的血痂,并且已跟身上穿的衬衫粘在了一起,不用说脱衣服,一拉都痛得钻心。我不想让母亲看到这些,就简单地擦洗了一下,之后把新换的衣服直接套在了旧衬衫上。

如果你问一个善于溜冰的先生如何学得成功时,他会告诉你:"跌倒,爬起来,便是成功。"

——[英]牛 顿

晚上母亲洗衣服,找不到旧衬衫,就问我:"你那旧衬衣呢?"我说:"我放在那里了。""在哪里呀?"母亲来回翻找。我看瞒不过去,才说还穿在身上。

母亲让我把旧衬衫脱下来,我脱下了外面的衣服,露出了那件脱不下来的旧衬衫。母亲看到衬衫上的血痂,泪水一下子就涌了出来……

我平生挣的这第一笔钱,十几块钱,挣得很辛苦,真的是血汗钱,但正是挣这第一笔钱的经历,让我明白了一个道理:再苦再难的事,只要自己不放弃,就能坚持下来,而只要坚持下来,就能成功!

不上路,就让路

□ 鲍尔吉·原野

鲍尔吉·原野 1958 年生于内蒙古呼和浩特市,蒙古族。当代散文作家。主要作品有《善良是一棵矮树》、《跟穷人一起上路》、《青草课本》、《每天变傻一点点》、《警方,向猎枪出示红牌》等。曾获中国作协"骏马奖"、《人民文学》2000 年优秀散文奖等诸多奖项。

一个竞争的时代,差不多可以用高速路的行车作譬喻:不上路,就让路。

高速路的法则只有一个:往前走。它不允许停车,更不让后退,它把左转和右转的方向已经规定好。

把这套法则搬到人的生活中,比如升学和就业当中,其实不合理,它根

本就没有理。人是有灵性的动物,喜欢前进、停止、归隐、躲藏、徘徊、沉思、转弯和后退。人类许多有进步意义的成果是在归隐、徘徊,甚至后退的状态下完成的。人创造椅子是为了休息而不是工作,创造锄头是为了避免双手挖出血,创造弹簧床是为了多睡一会儿觉而不是"头悬梁、锥刺股"。但人类所有的休息、娱乐都被管制到一个大前提当中:发展。

所谓发展有许多含义,它对国家、地区、企业和个人的含义不一样。国家和地区对发展的追求,核心是财政收入和规模。发展对企业来说是利润。对个人,是改变现状,是脱胎换骨,是钱,是自尊心,是别人的眼光,是晚年的生活保障,是社会评价,是婚配,是追赶时代潮流,是不得已而为之,是人在江湖,是苦中作乐,是马革裹尸,是三月不知肉味,是人何以堪,是乡音未改鬓毛衰,是高处不胜寒,是面壁十年,是语不惊人誓不休,是夜半歌声到客船,是换了人间。

如果人人都在"发展",如果把"发展"的人都送到一条路上,这就是高速公路。这条路不管你的轮胎、发动机、排气量和驾驶能力,只准开不准停,停了就有清障车拿下。而开车的人彼此虽然近在咫尺,其实谁也不认识谁,心无旁骛,瞪眼前行。

对这个,不需要评价它好还是不好,更不是喜欢与不喜欢,只能回答适应或不适应。当社会主流进入发展的轨道时,没有人能让它停下来,它比山洪和海啸的力量更大。一些心理学的调适原则或温情脉脉的老话,比如适可而止、随遇而安、睡到自然醒、僧敲月下门、静以养心、偷得浮生半日闲、不为天下先、以逸待劳等,在这条路上一律被废止。君不见,高速路上何尝写过格言?只标着速度、距离、限高,都和行驶有关而不带一丝人情味。

这就是生活。其实生活原本是残酷的,只是人用亲情和文化为它包裹上了多情的外衣。不适应竞争的人,原来就适应不了生活。或者说,他一直生活在虚假的生活里。

竞争的含义有二:一是破除垄断(世袭、内幕、家族)的控制,所有的名次都要在所有人参加的情况下比赛决出;二是经过拼搏环节产生名次。属实说,竞争也不一定公平,但它还是比不竞争公平,也更有效率。

至于说竞争符不符合人性,不符合。人性固然有争夺的本能,更多的是安逸的本能。在社会进步面前,这份安逸只好为成本埋单,否则只好让路。

要出人头地有两种方法，就是靠自身的努力和利用别人的傻气。

——[法]拉布吕耶尔

成功的心理品质和条件

□ [英]达尔文

达尔文(1809~1882) 英国博物学家，进化论的奠基人。1831 年从剑桥大学毕业后，以博物学家的身份乘海军勘探船"贝格尔号"做历时 5 年的环球旅行，观察和收集了动物、植物和地质等方面的大量材料，经过归纳整理和综合分析，形成了生物进化的概念；1859 年出版《物种起源》一书，全面提出以自然选择为基础的进化学说。该书出版后震动当时的学术界，成为生物学史上的一个转折点。

我的书在英国销路很好，并且已经译成了多种文字，在国外也多次重版。据说，一本著作在国外的成功是其持久价值的最好检验。我怀疑这种说法是否完全可信，但根据这个标准判断，我的名字应该会流传很多年。因此，尝试分析一下我取得成功的心理品质和条件，可能是有价值的。虽然我相信没有人能做得很好。

我没有敏锐的理解力和智力，而这在一些聪明人身上（如赫胥黎）非常显著。我还是一个糟糕的批评家：当我第一次读到一篇论文和一本书时，我一般都会加以赞赏，而仔细阅读之后，我看到的却都是缺点。我缺乏进行长久和纯粹的抽象思维的能力，因此我在形而上学和数学方面永远不可能有什么成就。我所记忆的东西很广博，但有些模糊：只要含糊地告

诉我,说我已经观察或阅读到与我得出的结论相反或相符的事实,就足以使我留意了,过后我一般能知道到哪里去寻找我的论据。在某种意义上我的记忆力又极坏,我从来不能把一个简单的日期或一行诗记上几天。

我的一些批评家说:"嘿,他是一个出色的观察家,但他没有推理能力!"我认为这种说法不对,因为《物种起源》从头到尾就是一个漫长的论断,而它已使不少有识之士信服。没有一定的推理能力的人是不可能写出这本书的。我有相当程度的发明能力,有相当的常识或判断力,正如每一个非常成功的律师或医生必须具有的东西一样,但我以为,我的程度并不高。

好的一面,我以为在注意容易被人们忽略的事物并加以仔细观察方面,我比一般人要高明些。在观察和收集事实方面,我已经竭尽所能了。更重要的是,我对自然科学的热爱一直是坚定而强烈的。

然而,我那份渴望得到自然科学家同行尊敬的野心,也大大支撑了我这种纯粹的爱好。从年轻时候起,我就有一种了解和解释我所观察到的一切最强烈的愿望,即在某些普遍法则下梳理一切事实。这些原因合在一起,赋予我一种耐性,使我能够长年累月地思考任何还没有得到解答的问题。据我所知,我不会盲目地追随在别人的后面,我一直努力保持思想自由,以便一旦事实证明我的假说不对,就丢掉自己哪怕再爱好的假说(我对每一个问题总忍不住提出一个假说)。的确,我也只有照此方式去行动,别无选择。因为我记得,凡是我初次建立的假说,在经过一段时间以后,总是不得不放弃或大加修改,只有《珊瑚礁》是一个例外。这自然使我极不相信某些科学学科中的演绎推理。另一方面,我并不是很多疑的人,我认为多疑对科学的进步是有害的。科学家中有点怀疑主义精神,有利于避免过多地浪费时间。但我也遇到过不少人,我确信,他们正是由于过分怀疑的心态,而常常不敢进行实验或观察,而正是这些工作将会带来直接或间接的益处。

为了说明这一点,我愿意举出一个我所知道的最早的例子。一位先生(后来我听说他是一位优秀的区系植物学家)从东部地区给我写了一封信,他说,今年各地的普通豆科植物种子与往年不同,它们都错长在豆荚的另一边了。我复信,请他提供更加详细的报告,因为我不了解他所指的意思究竟是什么;但我很长时间都没有收到任何回音。此后,我看到了两份报纸,一份是肯特郡出版的,另一份是约克郡出版的。它们上面都载有一条引人注目的新闻："本年的豆子都生长在错误的一侧。"因此我以为，得出如此一般的结论，必定是有根据的。随后我到花园去问我的园丁，那位来自肯特郡的老人，我问他是否听说过这件事，他回答说："嗯，不，先生，这肯定弄错了，豆子只有在闰年才生长在错误的一边。"我然后问他，它们在平常年份如何生长，在闰年又如何生长。我立刻发现，他对它们在任何时候的生长情况都毫不知情，但他还是坚持自己的信念。

又过了一段时间，那位最初提供这个情况给我的人，来向我表示万分歉意，他说，如果不是听信了几位有才智的农民的话，就绝不会写信把这件事情告诉我；但后来他又去向那几位农民请教，他们却一点都不理解他的意思究竟是什么。于是乎，一种所谓的信念（如果一种没有确定思想内容的说法可称之为信念的话）在没有任何事实根据的情况下差不多传遍了整个英国。

在我的一生中，我只知道三起故意虚构的报道，其中有一起简直可以说是招摇撞骗（已经发生过几起科学上的欺骗了），而一份美国农业杂志居然发表了它。此文宣称，在荷兰用不同种的牛杂交产生了牛属的一个新种（碰巧我知道牛属中有些物种是杂交不育的），而这位作者却厚颜无耻地说，他同我通过信，而我深深地为他的重要发现所感动。这篇文章是由一个英国农业杂志的编辑送给我看的，他们准备征求过我的意见后予以转载。

第二起是对几个变种的报道。一位作者报道，他从报春属中的不同种育成了几个变种，尽管亲本植株曾被小心地加以保护，不让昆虫接近，但还是自发地结出了大量的种子。这篇文章是在我发现花柱异长的意义前发表的，其整个论断肯定是欺骗性的，或者在隔离昆虫上有很大的漏洞，否则令人难以置信。

第三起就更奇怪了：胡特先生在他出版的《血族婚姻》一书中，摘引了一位比利时作者的一段长文，这位比利时作者说，他将亲系最近的兔子进行交配，已经产生了很多世代，而且毫无有害的后果。这篇报道曾发表在《比利时皇家学报》上，这是一份极有声望的杂志，但我仍不免怀疑。我不知道为什么，除非没有任何例外发生，而我在繁育动物方面的经验告诉我，这是不可能的。

因此，我在非常踌躇的情况下给凡·贝纳登教授写了一封信，询问这位作者是否是一位可以信赖的人。我很快收到回信，学会因为发现了整个

报告是一个捏造而闹得沸沸扬扬。在学会的会报上，这位作者受到公开质询，要求他说明他在进行这项必定费时多年的试验时，他住在哪里，他的大群兔子又养在哪里，但没有得到任何答复。

我有一个有条不紊的习惯，这一点对我的专业工作帮助不小。最终，我无须为衣食而奔走，有大量的空闲时间。我尽管身体欠佳，并因此而耗费了我数年时间，但这也使我摆脱了社交和娱乐，不至于精力分散。

所以，根据我所能作出的判断，作为一个科学家，我的成功，不管有多大，都取决于复杂的和各种不同的心理品质和条件。当然，其中最重要的是热爱科学、长期思考任何课题的无限耐心、在观察和收集事实方面勤奋耕耘、相当程度的发明创造能力和常识。凭着这点平常的能力，我竟然在一些重要问题上很大程度地影响了科学家们的信仰，真是使人感到意外。

初 识 成 功

□ (香港) 梁凤仪

梁凤仪 女,1949年生于香港,祖籍广东新会。香港作家;从事过证券、金融、广告等行业,是香港商界知名的女强人。1986年开始以业余身份为香港报刊撰写专栏;1989年起开始小说创作,并创办"勤+缘"出版社,其作品被称为"财经小说"。

不理会周遭的流言飞语,我带着背水一战、破釜沉舟的勇气和决心,继续我的创业工作。不管别人怎样说,我就是横下一条心,非干下去、干好不可。

　　碧利菲佣公司的招牌挂了出去,我带着一个秘书和仅有的3万块钱的启动资金,进了中环不足20平方米的写字楼,开始了我艰苦繁重的工作。为了这个菲佣公司的顺利运行和发展,我不知付出了多少别人难以想象的代价。不仅是体力上的极度劳累,还是精神上的极度消耗。

　　介绍菲佣给香港家庭的雇主,要费力费口舌宣传,还要做好"售后服务",直到雇主完全满意为止。如果雇主不满意而要"退货",我不仅是白忙半天,还要落个骂名。而引进来的菲佣,到了香港是背井离乡,人地生疏,我还必须对她们完全负责,要以一颗博大的爱心去温暖她们。

　　雇主不满意来投诉,我要耐心听着,还要费力解释。菲佣有意见、有情绪,我更要帮助她们,细致地做好她们的工作,为她们尽心尽力,尽一份良心和责任。当时的我简直成了菲佣们的家长和保姆。对有思乡痛的菲佣要安慰,对不适应新环境的菲佣要去疏导,对菲佣与雇主的矛盾要去调解,对遭受虐待的菲佣更要去保护。

　　我就像天平上的砝码一样,随时要去协调和平衡菲佣与雇主两边的关系。平均而言,我需要微笑着耐心聆听每个家庭主妇吐苦水一小时以上,才可以谈成功一笔生意。

　　这就是商场上铁的法则。

　　坚强的信念支撑着我,我坚持着不畏难、不怕苦、不知倦、不言悔、不气馁、不回头的可贵精神,终于渡过了碧利公司成立后最难熬的一段日子。碧利公司正常运转起来了,我欣慰地看到成功在一步步地接近。

　　有志者,事竟成。我实现了自己的抱负。

　　由于我细致入微的工作,菲佣这个现象开始被香港社会所接受。随着菲佣大量地引入香港,我得到了回报,公司也赚了钱。这时,再没有人嘲笑我当初的选择了。

　　时至今日,菲佣已成了香港家庭女佣的主力军,总数已达10万之众。我为自己为这一切所作出的努力感到骄傲与自豪。当每一个职业女性因为从家庭的烦琐劳动中解放了出来,而无后顾之忧地尽情发展自己爱好的副业之时,我都由衷地感到高兴。

　　从一件一开始被人看不起的小事做成了值得在香港社会史上大书一笔的大事,我也因此开始出名,被社会公众所熟悉。

第二辑　成功性格的结构

当初离我而去，在背后嘲弄我的那些同学和朋友，现在又都蜂拥而至，重新聚集在了我的身边。他们甚至会这样自豪地向别人介绍说："那位引进菲佣的梁凤仪，就是我的朋友。"

我早已洞悉了这一切，并不把这些琐事放在心上。对我来说，掌声早来与晚来是无所谓的，终归会来就好了。

我当然不会因为这一点成绩而满足，我的目光开始看向更远的地方。那更高更大的成功，正遥遥地向我招手。只要再努力，再保持自己的这种勤奋、勇猛精进的精神，我一定会得到更大的成功。

以"勤"求"缘"，我相信前方有更大更惊人的奇迹在等待我去创造。

挑 战 自 我

□ [俄]康·巴乌斯托夫斯基

康·巴乌斯托夫斯基 (1875~1923)　俄国著名散文作家。他的作品以反映俄罗斯的现实生活为主，洋溢着浓郁的民族风格。代表作品有《石上题辞》等。

我住在里加海滨一栋暖和的小房子里。

房子紧靠海边。如果要去眺望大海，那还需走出篱笆门，再走一段积雪覆盖的小径。

海没有冻结。洁白的雪一直伸延到海水的边缘。

当海上掀起风暴，听到的不是海浪的喧嚣，而是浮冰的碎裂和积雪的沙沙声。

　　向西，在维特斯比尔斯方向，有一个小小的渔村。这是一个很普通的村落：迎风晒着渔网，到处是低矮的小屋，烟囱里冒出袅袅炊烟，沙滩上横放着拖上岸的黑色机船，还有生着卷毛的不太咬人的狗。

　　在这个村子里，拉脱维亚的渔民住了几百年，一代一代的接连不断。

　　还是像几百年前一样，渔民们出海打鱼；也是像几百年前一样，不是所有的人都能平安回返。特别是当那波罗的海风暴怒吼、波涛翻滚的秋天。

　　但不管情况如何，不管多少次当人们听到自己伙伴的死讯，而不得不从头上摘下帽子，他们仍然在继续着自己的事业——父兄遗留下来的危险而繁重的事业——向海洋屈服是不行的。

　　在渔村旁边，迎海矗立着一块巨大的花岗岩。还是在很早以前，渔民们在石上镌刻了这样一段题词："纪念在海上已死和将死的人们。"这条题词从很远的地方就可以看到。

　　当我得知这条题词的内容时，感到异常悲伤。但是，一位拉脱维亚作家对我讲述这条题词时，却不以为然地摇头，说：

　　"恰恰相反，这是一条很勇敢的题词。它表明，人们永远也不会屈服，不论在什么情况下都要继续自己的事业。如果让我给一本描写人类劳动和顽强的书题词的话，我就要把这段话录上。但我的题词大致是这样：'纪念曾经征服和将要征服海洋的人们。'"

　　我同意了他的意见。

忠　告

□ [美]罗纳德·里根

罗纳德·里根（1911~2004）　美国前总统，曾做过体育播音员、电影演员。他分别于 1980 年和 1984 年两次当选为美国总统，是美国历史上当选和就职时年龄最大的总统，也是最长寿的总统。卸任后，美国政府为表彰他在任期内所作出的贡献，于 1993 年授予他总统自由勋章。

要敲响一扇机会之门，首先要有信心把握住自己能干什么。

1929 年，爆发了经济大危机，接踵而至的是大萧条。1932 年的那个夏天，我大学刚毕业就回到了克洛河当救生员。那些曾答应过帮我的人现在也无能为力了。凡是没有亲身经历过大萧条的人都很难真正理解大萧条究竟意味着什么。

不过，尽管如此，有位在那儿避暑的先生还是问起了我毕业后的打算。他说，如果我想干的工作正好在他能帮忙的范围之内，他会尽其所能为我解决工作问题。在那种大萧条的年代里，只要能找到工作，不管什么工作，都是奇迹。不过这位先生执意要我先告诉他我的理想，告诉他我自己觉得会在哪个方面有发展前途。他要先得到回答才能实施下一步计划。

此时，广播电台是新兴的行业。鉴于自己高中、大学踢过足球并参加

过其他一些体育活动,在那位先生的再三敦促下,我终于鼓起勇气告诉他我想当一名电台体育播音员。

作为新兴行业,广播电台还是一块有待开垦的处女地,我想当播音员至少也是进了娱乐圈吧。显然,我想干的是与这位先生没有任何关系的行业,他帮不上我的忙。就在这时,我得到了终生最好的忠告。这位先生说:"你瞧,这样也许更好。我能帮你找份工作(他列举了几个部门),但那些给你工作的人只不过是为了给我帮忙而不是为了你。因此只要给了你一份工作,他们便会认为自己已尽到责任了。"他继续说,"现在你提到了一个很有前途的新领域,你应该充满信心地去敲那机会之门。也许你要敲上好几百次——每个推销员都是敲了好几百次门才成交的。为了能涉足这个领域,你尽管告诉那里的人你什么都愿意干,哪怕是做杂工也行。这样你就有了起步的机会,你首先需要的也就是在这个部门立足。你会发现,尽管现在正处于大萧条,但在这一领域的某个部门仍会有人意识到如果他的事业要发展,那么他就要起用思想开阔的年轻人。"

一点不错,敲了许多门之后,我来到了一家电台,对一位节目编辑主任谈了我的愿望。这次,我提到了体育,除此之外,我与平时别无二致。这位编辑先生使我终生难忘。他也许给了我一次最异乎寻常的试听机会。他把我关在播音室里,告诉我他会在我见不到的隔壁房间里听着,让我等指示灯一亮,便假设自己在足球比赛场进行现场足球直播,发挥我的最佳状态。当然我也照他所说的做了,直播了大约一刻钟。尔后,他返回播音室告诉我下星期六再到那里——我将真正直播一场重要的足球比赛——爱荷华队对明尼苏达队。

我的人生旅途在这次试播之后转入新的轨道,而尤为重要的是,导致了这次转入新轨道的是那位先生的忠告。它使我懂得,一个人并非一定要有别人的提携,并非一定要别人为你安排一席之地。只要有信心,能把握自己该干什么,那么就应该毫不犹豫地去敲那一扇扇机会之门。你会发现,即使像我当时那样初出茅庐的青年人,也会有机会去展示自己的才华。

第二辑 成功性格的结构

坚持到底的报酬

□ [美]安东尼·罗宾

安东尼·罗宾 著名心理励志专家、个人发展的成功导师。曾是多个国家领袖的顾问,包括美国前总统克林顿、苏联总统戈尔巴乔夫、南非前总统曼德拉等。主要著作有《激发心灵的潜能》、《唤醒心中的巨人》、《一分钟巨人》和《巨人的脚步》等。

许多人曾对我说过这样的话:"为了成功,我曾试了不下上千次,可就是不见成效。"

你相信这句话是真的吗?别说他们没试过上百次,甚至于有没有 10 次都颇令人怀疑。

或许有些人曾试过 8 次、9 次,乃至于 10 次,但因为不见成效,结果就放弃了再试的念头。

成功的秘诀,就在于确认出什么对你是最重要的,然后拿出各样行动,不达目的誓不休。

在此,我要跟各位举个例子,不知道你是否听过桑德斯上校的故事。他是"肯德基炸鸡"连锁店的创办人,你知道他是如何建立起这么成功的事业的吗?

是因为生在富豪家、念过像哈佛这样著名的高等学府抑或是在很年轻时便投身于这门事业,你认为是哪一个呢?

上述的答案都不是，事实上桑德斯上校在年龄高达65岁时才开始从事这个事业。那么又是什么原因使他终于拿出行动来呢？

因为他身无分文且孑(jié)然一身，当他拿到生平第一张救济金支票时，金额只有105美元，内心实在是极度沮丧。他不怪这个社会，也未写信去骂国会，仅是心平气和地自问这句话："到底我对人们能作出何种贡献呢？我有什么可以回馈的呢？"

随之，他便思量起自己的所有，试图找出可为之处。头一个浮上他心头的答案是："很好，我拥有一份人人都会喜欢的炸鸡秘方，不知道餐馆要不要，我这么做是否划算。"

随即他又想道："要是我不仅卖这份炸鸡秘方，同时还教他们怎样才能炸得好，这会怎么样呢？如果餐馆的生意因此而提升的话，那又该如何呢？如果上门的顾客增加，且指名要点用炸鸡，或许餐馆会让我从中抽成也说不定！"

好点子固然人人都会有，但桑德斯上校跟大多数人不一样，他不但会想，且还知道怎样付诸行动。随之他便开始挨家挨户地敲门，把想法告诉每家餐馆："我有一份上好的炸鸡秘方，如果你能采用，相信生意一定能够提升，而我希望能从增加的营业额里抽成。"

很多人都当面嘲笑他："得了吧，老家伙，若是有这么好的秘方，你干吗还穿着这么可笑的白色服装？"

这些话是否让桑德斯上校打了退堂鼓呢？丝毫没有，因为他还拥有天下第一号的成功秘方，我称其为"能力法则"，意思是指"不懈地拿出行动"：每当你做什么事时，必得从中好好学习，找出下次能做得更好的方法。

桑德斯上校确实奉行了这条法则，从不为前一家餐馆的拒绝而懊恼，反倒用心修正说辞，以更有效的方法去说服下一家餐馆。

桑德斯上校的点子最终被接受，你可知他先前被拒绝了多少次吗？整整1009次之后，他才听到了第一声"同意"。

在过去两年时间里，他驾着自己那辆又旧又破的老爷车，足迹遍及美国每一个角落。困了就和衣睡在后座，醒来逢人便诉说他那些点子。他为人示范所炸的鸡肉，经常就是果腹的餐点，往往匆匆便解决了一顿。

在历经1009次的拒绝，整整两年的时间，有多少人还能够锲而不舍地继续下去呢？真是少之又少了，也无怪乎世上只有一位桑德斯上校。我相

第二辑　成功性格的结构

信很难有几个人能受得了 20 次的拒绝，更遑论 100 次或 1000 次的拒绝了，然而这也就是成功的可贵之处。

如果你好好审视历史上那些成大功、立大业的人物，就会发现他们都有一个共同的特点：不轻易为"拒绝"所打败而退却，不达成他们的理想、目标、心愿就绝不罢休。

迪士尼为了实现建立"地球最欢乐之地"的美梦，四处向银行融资，可是被拒绝了 302 次之多，每家银行都认为他的想法怪异。

其实并不然，他有远见，尤其是有决心实现。今天，每年有上百万游客享受到前所未有的"迪士尼欢乐"，这全都出于一个人的决心。

当我还住在那间寒碜的单身公寓并在浴缸中清洗碗盘的日子里，就不时提醒自己上述那些感人事迹，我对自己说任何问题都不会长久存在，也不会一直影响我的人生。只要我能不断拿出行动，积极且有建设性的行动，那么那些问题就会迎刃而解。

此外，我也这么想："纵使我此刻的情况不佳，但依然有些值得感恩的地方，例如还有两位好朋友，脑筋也没错乱，甚至于还能呼吸。"

我不断地提醒自己留意所想要的，别只看见问题却不见解决的办法。我更告诫自己，即使那些问题此刻困扰着我，但绝不会一辈子缠着我而不去。因此，我决定不管在金钱上或心情上有多么不顺遂，都绝不让生命再陷在其中。同时我也认定，自己的命运并不是真那么糟，只是好时光尚未到来罢了。

我相信，只要能不断辛勤灌溉所种下的种子——持续去做对的事情——那么就会走出人生的冬季，进入春季，多年看似不见成效的努力就终有收成的一天。

我不会再那么死心眼，一再重复做那相同的事，却寄望会有不同的结果；相反地，我要不断另辟蹊径，直到找着自己所想要的答案。多方面一致地去尝试，凭毅力与弹性去追求所企望的目标，至终必然会得到所要的，可千万别在中途便放弃希望。

这句话说来简单，但我相信你一定会从内心同意，就从今天起拿出必要的行动，哪怕那只是小小的一步。很多人会接受这个道理，但为何不马上拿出行动来呢？

答案是他们害怕失败。

失败了,你可能会失望;但如果不去尝试,那么注定要失败。

——[美]贝弗利·西尔斯

年轻人怎样做才能取得成功

□ 朱清时

朱清时　1946 年生于四川成都。化学家,中国科学院院士,第三世界科学院院士。1968 年毕业于中国科学技术大学近代物理系;1998 年任中国科学技术大学校长;2005 年获国家自然科学奖二等奖。

所有的人都希望取得成功,但如何才能成功呢?正如鲁迅先生在一篇文章中所讲述,一个人是不可能通过读《如何写小说》而成为小说家那样,这个课题也不可能被说得非常具体,因为一个人事业的成功不可能被归结于简单的几个要点。

已故近代哲学家冯友兰先生曾说过:"在人生成功的过程中,需要具备三种因素:第一是天才,第二是努力,第三是命。"冯友兰先生所讲的"命",是一个人所遭遇的社会大环境,社会大环境的变化及限定条件是一个人所无法改变的。

在参加香港的一次学术会议时,加州理工学院有个毕业于台湾大学、与李远哲教授是同学的陈长谦教授讲了自己的经历:他大学毕业后到哈佛的化学系就读研究生,当时分子光谱学很看好,他就选了这个领域,以后的研究、学习都很成功,但却至今无缘诺贝尔奖;相反,当时因服兵役比他晚三年到哈佛的李远哲正好遇上分子束实验,在导师的指导下获得了

第二辑　成功性格的结构

成功，并因此而荣获诺贝尔化学奖。他慨叹自己总是"在错误的时间，出现在错误的地点，干错误的事情"。可见，一个人的成功在很大程度上取决于机遇。

人们看见了机遇的重要，但又不理解为何一些人运气好，一些人运气又不好。一位老教授给我举了一个例子：每年总有一些鱼从海洋洄游到江河上游产卵，一条大鱼产的卵可以孵化成上百万条小鱼，它们顺流而下，回归大海。刚到海口，大部分小鱼就会被守候在那里的大鱼吃掉，剩下的继续不断地为生存奋斗。一年后还存活并再回到江河上游去产卵的可能只有一两条。什么原因使这一两条鱼能逃过那么多劫难而存活下来？一是它们总侥幸地"在正确的时候，出现在正确的地方"，从未成为大鱼捕食的对象；二是每当遇到大鱼捕食时，它们总能逃脱。前者是不能预见、无法控制的机遇；后者与小鱼的素质有关，体力更强壮、感觉更敏锐、反应更灵活，即"基因"更优良的小鱼，更容易存活。人的命运与鱼相似而又不同：相似的是它们都既取决于机遇，又取决于自身因素；不同的是人类自身因素起的作用大大增加。

我们有办法改变自己的命运，那就是继承和学习人类几千年文化的积累，学会处于最佳位置去迎接机遇，学会抓住机遇并充分发挥自己的才能。具体结合到青年身上来讲，我认为可以从以下几个方面努力：

第一，无论是在学生时代，还是以后到工作岗位上，都要诚实、守信用，这样在社会上成功的机会就会增多。在美国，中国学生的勤奋、优秀是很出名的，曾经一度是美国很多大学欢迎的留学生。但最近情况有了一些变化，到美国读书，最容易申请数学和物理学专业的研究生，很多中国学生找到了窍门，以读研究生为名得到奖学金。去了美国一两年之后，英语好了，就去读电子、管理、法律，这些做法使美国很多大学都觉得这些中国学生靠不住，不太爱接收这样的学生了。我觉得这些学生的做法是因为没有懂得在社会上保持诚实、守信用对他一生的重要性。一旦你做了这种事情，就会在履历上留下痕迹，以后你在社会上就会失去很多成功的机会。

第二，要善于与人相处、与人交流。首先要学会互相学习。萧伯纳曾经说过："两个人在一起交换苹果与两个人在一起交换思想完全不一样。两个人交换了苹果，每个人手上还是只有一个苹果；但是两个人交换了思

胜利不站在智慧的一方，而站在自信的一方。

——[法]拿破仑

想，每个人就同时有两个人的思想。"只有善于与人交流学习的人，才能集众家之所长，在机会出现的时候，才可能比别人做得好。其次要尊重师长和同学。人类社会的发展是一代人站在另一代人的肩上往前走，学会尊重师长对于取得成功至关重要，因为你不仅要向师长学习一些知识，最重要的是要站在师长的肩上向前走。再次就是要乐于助人。乐于助人使你在社会上受到欢迎，使你在生活、工作中比较容易得到大家的理解和支持。

第三，要具备广泛的知识面和一定的表达能力。书面表达能力就是写文章，口头表达能力就是写报告、与人聊天、谈话。表达能力要靠平时的积累，一种方法就是经常与别人讨论问题、谈话。现代人因为追求的东西太多，往往忽略了人类几千年的很多历史知识，这也是知识面窄的一个原因。我之所以强调这一点，是因为如果没有历史知识，大家对文化的了解只是一个平面和投影，不够完善，而这些文化正是人类为了改变命运、抓住机遇而取得的经验的积累。

第四，必须重视在社会上的独立生活能力。如果你连独立生活的能力都没有的话，将来就很难能够抓住机会取得成功。

第二辑 成功性格的结构

青少年受益一生的

名人成功心得

成功者从不等待时机

□ 刘燕敏

刘燕敏 女,1964 年生于江苏丰县。当代散文作家。代表作品有散文集《熟悉的地方没有风景》、《成功的门都是虚掩着的》等。作品《成功并不像你想象的那么远》入选普通话教学教材,《从设定目标开始》入选新加坡中学华文课本。

1921 年 6 月 2 日,电报诞生整整 25 周年。美国《纽约时报》对这一历史性的发明,发表了一篇简短的社论,其中传达的一个重要信息是:现在人们每年接受的信息量是 25 年前的 50 倍。对于这一消息,当时在美国至少有 16 人作出了反应。那就是,创立一份文摘性的刊物,让人们能在浩如烟海的信息中,尽快获得自己需要的东西。这 16 人中,有律师、作家、编辑、记者,甚至还有一位名叫瑟·麦卡锡的国会议员,他们都认为这类刊物必定有广阔的市场。在不到 3 个月的时间里,他们都到银行存了 500 美元的法定资金,并领取了执照。然而,当他们到邮电部门办理有关发行手续时,却被告知,该类刊物的征订和发行暂时不能代理,如需代理至少要等到明年中期选举过后。

得到这一答复,其中的 15 人为了免交执业税,向管理部门递交了暂缓执业的申请。只有一位叫德威特·华莱士的年轻人没有理睬这一套,他回到他的暂住地——纽约格林尼治村的一个储藏室内,和他的未婚妻一起糊了 2000 个信封，装上征订单运到邮局寄了出去。

从此，世界出版史上的一个奇迹就诞生了。到 2002 年 6 月 30 日，他们创办的这份文摘类刊物——《读者文摘》已拥有 19 种文字、48 个版本，发行范围达 127 个国家和地区，订户 1 亿人，年收入 5 亿美元。

为什么世界上聪明人很多，成功者却很少？因为很多聪明人在已经具备了不少可以成功的条件时，仍在苛求更多的捷径，从而失去了机会。而成功者不会等待万事俱备。

第二辑　成功性格的结构

不断地增长学识和广泛地培养情趣是一个健康个性的特点。具备这样的特点，一个人就可以从容不迫地生活在这个世界上。他的智慧和对人生的了解是不断地增长的，当他年逾花甲时将不会感到沮丧。

第三辑
不成功人士的八大错误

　　生活中有许多人走上了事业的巅峰，但是更多的人虽然聪明睿智，却未能获得成功。为什么会有如此的差别？当然，运气是一个原因，更重要的是由于人们对生活的不正确的态度和行为，使自己陷入了困境。

　　不成功人士，常常有着共同的错误和缺点。避免这些恶习可能就是你成功的开始。

青少年受益一生的

名人成功心得

不成功人士的八大错误

□ [美] 本杰明·斯坦

本杰明·斯坦　生于华盛顿。经济学家、律师、作家。曾受聘为巴隆公司的有关金融问题（尤其是金融诈骗）的顾问，在电视节目中充当财经评论员，多次出席国会关于财经问题的听证会，并且还出版了多部有关个人理财的书籍。

生活就像漫长的、激动人心的旅行，它引导我走过了许多地方：在耶鲁大学法学院与希拉顿·罗德哈姆·克林顿一起谈笑风生；在白宫采访里查德·尼克松；在华尔街起草股票计划书；在好莱坞写作并演戏达 19 年之久。在工作中以及在剧场里，我曾见到过不少成功人士，诸如隆·皮尔曼，贝福隆山庄的亿万富翁和诺曼·利尔，最伟大的电视制作人之一，还有著名演员尼古拉斯·凯吉，他们凭借努力奋斗已攀上事业的顶峰。

但是，还有许许多多人也像他们一样，虽然精明睿智却未能获得更大的成功。为什么有的人数钱数不过来而有些人却在对着那些该死的账单诅咒？当然，运气是一个原因。但是，通常人们由于表现出自损形象的态度和做出一些搬起石头砸自己脚的行为而常使自己陷入困境，从而给自己带来厄运。

虚妄的想法

不成功人士常常在生活中欺骗自己。我曾想，那些经常表现不诚实的

只有把抱怨环境的心情化为上进的力量，才是成功的保证。
——[法]罗曼·罗兰

人是不会获得成功的。遗憾的是，我听说过相反的例子。一个人对其他人表现出完全的不诚实时，他至少在钱财方面是有可能获得成功的。但是，对人们来说，他们想要就他们一生中所处的地位、达到目的的前景以及他们的不足之处等问题欺骗自己并且一直欺骗下去是绝对不可能的。我的一个邻居每天只用部分时间去教授艺术，这作为一种嗜好当然并不坏，但是这份工作不会给她带来足够的钱使她过上她所渴望的中产阶级生活。尽管她老是抱怨她如何的穷困潦倒，但她似乎无法理解，为何非全日性的授课得不到能维持普通家庭生活的工资。

不 去 创 造

我一再地告知那些没有学到有用技能的人，世界上有人肯出大价钱换取这些技能。他们不明白这样一个基本的事实：人们之所以能够获得报酬，是因为他们能够做些什么。而且他们不明白一种必然的结果，人们由于能够干某些使价值大量增值的事而获得很高的报酬。这意味着，医学、法学、写作流行歌曲、金融或别的什么职业将有助于人们改善自己的境况，或者赚到大钱，或者使自己感到愉快，或者从中学到一些东西等。如果你的目标是在钱财上获得成功，你就必须实实在在地去生产或创造别人想要的东西，而不应将其仅仅停留在你的梦想之中。我的父亲是一个经济学家，他告诉我说，生活中所有的报酬，不论对金融资本来说还是对人力资本来说都会自然增长。金融资本往往作为遗产被继承，你无法控制它们。但人力资本，比如一种有市场销路的技术，可以通过训练和自身的努力去获得它。

伤 害 朋 友

不成功人士往往有一种习性，他们会对那些对他们并无多大益处的人（如政客、歌星、名人等）表示友好和感激之情，而对那些善待他们的人却表示出蔑视和不领情的态度。我惊奇地发现，这种人在生活中经常出现。我的一位亲密的朋友曾一次又一次地获得进入好莱坞工作的机会。这主

要得力于他的两位在不同电影制片厂工作的相当有实力的朋友的帮助。他们在很久以前就把他推上了成功的轨道。但是,在几乎20年的时间里,他一直看不起他们的公司,怠慢他们的友谊而同时却去追随那些只不过把他当做门口的擦鞋垫子看待的有权有势的名演员们。毫不奇怪,他直到47岁仍然是一个没有生活方向、负债累累的人。失败者往往认为,他们的朋友为他们付出的一切都是理所当然的。

坏 习 惯

不成功人士日常生活中还常表现出粗俗无礼。他们不会适时地对那些赠予他们礼物和给他们帮助的人表达感激之意,也不会对自己的轻慢态度和做错事情向人道歉。我喜欢用我请的客人会迟到多久为标准来推测他是否是个成功的人。一个拥有好工作、非常忙而又责任感很强的客人会准时赴宴。一些整日无所事事的人会很晚才到,甚至干脆不露面。一个干低层次工作且无处可去的人将会如何呢?他会迟到15分钟至1个小时。我在好莱坞最早结识的朋友之一曾有过一段做制片人的很有前途的经历。随着时间的推移,他的生涯开始摇摆不定。他由于令人惊异地缺乏礼貌和风度而从他事业的顶峰一下子跌落下来。此君从未因我对他的款待、替他弄到各种演出的通行证以及给他介绍工作而感谢过我。最终,我也用任何其他认识他的人在很久以前就采取了的那种办法去对待他:干脆不再为他做任何事情。如果一位演员因为他的粗鲁无礼而使人们对他疏远的话,他就不再有可能继续演戏了。

不合时宜的穿着打扮

我所认识的一位漂亮女郎渴望找到一份工作。我替她安排了一次面试,与一家对本公司的形象感到自豪的公司头头共进晚餐。令人难以置信的是,她穿着短裤、T恤和高跟凉鞋出现在经理们的餐厅里。从她一露面的那个瞬间起,她就已经把这场面试给弄砸了,而且这也使我看上去像个傻瓜。不成功人士惯常有不适宜的打扮。他们赶去参加求职面试时常常不系

领带或穿着一双运动鞋。当其他人都西装革履地出席宴会时，他们却穿着牛仔服赴宴。他们也许认为，他们是在显示一种风尚。而实际上他们却在形象化地告诉人们，他们不属于他们此刻所待的地方，而且还反映出他们对在场者的一种轻视态度。

令人生厌的生活态度

不成功人士往往面带一种愠怒厌世的表情。他们不喜欢他们的工作和他们生活的世界，怀疑他们周围的人都是不诚实和愚笨的。他们把一切都看得那么黑暗并用他们自己对生活的绝望态度和无所寄托的颓丧情绪影响着他们周围的人。一位在北加利福尼亚的朋友能胜任并完成每天的工作，但是她无论走到哪里不是抱怨空调太冷就是抱怨太热。她贬损老板，埋怨工作。她对同事们说，工作是浪费时间。在两年内她已经失去过五次工作而仍未从任何她曾为其工作过的人那儿获得有益的经验。

不必要的争论

不成功人士喜欢仅仅为了争论而争论——挑起争端，或者使其他人失去心理平衡。那些挑起争端的人也许会想，此刻朋友们和同事们会对他们的机敏与智慧留下深刻的印象。美国众议院著名发言人萨姆·雷伯说道："如果你想与人融洽相处，那就多多附和别人吧。"他的意思不是说你必须同意别人所说的一切，而是说你不可能一方面无休止地激恼别人而另一方面又指望别人来帮助你。结束了一天工作后的人们不喜欢把时间花费在无休止的争论上。如果此刻你挑起争端，他们会回避你，而你将会发现，你已被其他好争辩的失败者们所包围。

本末倒置

不成功人士不能确定什么是应该优先考虑的事。在首都，有一个我小时候的同学，他很英俊潇洒。他父亲是个大人物，而他却很可怜，一直在一

幢公寓房子里住。然而，当我建议他利用业余时间去学习，以便通过民用服务考试时，他却坚持说他没有空。各种嗜好占用了他几乎所有的业余时间，从1966年起，他就一直这么对我说！事实是，人们从来都不可能有足够的时间去做每一件事情，哪怕是真正重要的事情。放弃不太重要的事情而去做更重要的事情并不是一种牺牲。

学问贵在能用

□ (台湾) 王永庆

王永庆 1917年生于台湾，祖籍福建安溪县。企业家。16岁自办米店，1954年筹资创办了台塑公司，50年后的台塑集团已经是台湾最大的民营企业集团，下辖台湾塑胶公司等9家公司，员工7万多人，资产总额1.5万亿新台币。

别让学问误了你

各位都是大专毕业，不管学习成绩优劣如何，总是读了十几年的书，学问应该够多了，要拿来应用，也应该足够的，问题在于：如何将所学所知好好利用，贡献出来？

有许多人，学问固然高深，但因为缺少工作经验，他的学问便无从表现出来，没有经验还不要紧，甚至轻视实际工作，以袖手为清高，成为动口不动手的君子。学问不在实际工作当中应用、贡献为成果，那么再大的学问也是他个人的，这样的学问有什么用呢？有跟没有是一样的。必须在实际工作当中验证、修正，肚子里的学问便越真越精，而工作也因而更好更成功。因为有了学问，便骄傲起来，他永远不会虚心接受工作的启发，不关心工作，不想把工作做好，那么，他只是在那里混，做样子而已，这是学问误了他，害了他。

有的人没有受什么教育，他们知道自己没有学问，什么都不懂，便安分守己，埋头苦干，不骄不狂，做的虽然不是大事情，不是很重要的工作，但是他们一点一滴地做好它，这种小螺丝钉的精神，便使得社会这一部大机械能够顺利开动，运转，他们的贡献是实实在在的。总有一天，他们会成功。所以，贡献是一点一滴实实在在做的，是经验的结晶，不是突然的、一蹴而就的。他们因为没有学问，才更本分、更谦虚、更努力，没有学问反而造就他们的成功。

我们常常听到这样的话，什么理论的、实际的，说有学问的人是理论的，其实这样说是不正确的，分理论的和实际的，是偏激的论调。所谓理论的，一般指书本上写的作者的智慧。这份智慧是作者的经验，他把自己的心得印成书册传授给我们，是最宝贵的知识，知识其实便是经验的累积，怎么说它是空洞的理论呢？

读书必须真懂才有用

问题在于读书的人只是记下书中所说，没有经过实际体验，没有消化，没有成为自己的心得，于是便说它是理论的，就像看一篇小说，或是一出戏，其中的场景，使你想起自己的经验，例如离别，或是重逢，那种遭遇是你所经历过的，你便很容易被感动，陪着剧中人掉眼泪，我们说这是共鸣；同样一本书，每个人读的感受不同，这就说明每个人因为经验不一样，其共鸣的程度便各有不同，如果是知性的内容，每个人的了解程度也不相同，接受程度因而各异。

甚至同一本书，几年后重读，了解程度又深了些，可以证明几年后的经验，使你共鸣的程度发生改变。所以，读一本书，必须配合自己内在的"懂"才是有用的，互相印证启发，它便不再是纯理论。如果你完全没有经验，看了书也不懂，勉强背记下来，那就真正是理论的，经验仍然是作者的

经验,不能成为你的经验,对你的经验没有帮助,你便永远是理论的,也就难怪人家看不起你只是理论的了!

著书立说,刚才说是作者的智慧结晶,是作者的经验之谈,我们说它不是"理论的",如果作者不是经过自己的理解,把心得写成书,而是读了人家的书,闭门造车,以书成书,这样的书失去真实,没有根据,是空洞的,这就真正只是理论的了,这样的书是害人的。

各位读了那么多的书,学问已经有了,学问放在肚子里,每个人都想掏出来表现一番,可是如何放到工作上去呢?怎么一放上去又格格不入、不符合老师教的呢?

我们今天最重要的课题是如何让二者能够搭配起来,能够如鱼得水那样的吻合。好像熟记游泳的要诀,下了水仍然手足无措,不要紧,只要各位有了正确的工作观念,有不怕吃苦的精神,就喝一点水,努力挣扎,把肚子里的学问引发出来,慢慢适应,熟而生巧,这个"巧"字便是心得。那时候,自己的经验配合作者的经验,共鸣起来还会发生回响,源源不绝,就像"教学相长"那样,你们的进步是一日千里那样快速的,那时候是如何的值得庆幸!

经验是最有价值的东西

我很喜欢汽车大王福特说的一段话,他说:"我起初在农田里工作,以后我曾修理打谷机,后来又操作锯木机。"这句话里,我们可以猜想,如果他是在自己的农场,在自己的田地工作,很可能后来不会转到锯木场去操作锯木机,即使田地是他家自己的,也可猜知小农家庭必定是穷苦的,所以才会由农场转到锯木场操作机器。他是世界有名的汽车大王,如果没有这一段话,我们不会料到他的青年时代是做小工的。

他曾经修理打谷机,这对于他的成功有重大的意义。打谷机虽然是构造很简单的机械,但他不是机械工程系出身的,对机械并不内行,但经过修理打谷机的经验,他便得到粗浅的机械知识。这个知识对于他后来的汽车事业,一定有极大的帮助,如果他没有这一段经验,恐怕创造汽车的构想,就不会实现了。

他还说:"任何人只要做一点有用的事,总会有一点报酬,我认为最好的报酬是经验，这是世界上最有价值的东西，也是人家抢不去的东西。"

只要做一点有用的事，这句话的思想多么踏实。

我们常常在不知不觉当中有一种错误的想法，认为我有文凭、有学问，自认是懂事的了不起的人物，凡事自恃，不检讨，不认错，好高骛远，不切实际，不甘"做一点有用的事"。想要做大事，却从来不一点一点实实在在地做，动脑筋专为取巧占便宜，好大喜功，贪图近利，不做有根基的小事，不由基础做起，这样的人，成事不足，败事有余，企业里如果这样的人占多数，真是非常危险的。

大家都"做一点有用的事"，以家庭来说，必定圆满安乐；以企业来说，一定蓬勃发展；以社会国家来说，必定富强进步。

有一句话说："不因善小而不为。"不要看轻了"一点有用的事"，凡事由基层做起，汲取最基层的经验，有如高楼大厦的基础，经验的累积也像建筑，多一样是一样，有一天用到了就是宝贝，经验不嫌多，越多越好，越丰富越能保证我们的成功。

经验可以增进智慧

中国人有勤劳的美德，天资聪慧，但"光复"至今快30年了，为什么赶不上人家发达国家呢？这个问题各位不妨加以思考研究一番。

我很了解刚从学校毕业到社会上服务的青年朋友，每个人都抱很大的志气，想要大大表现一番。我认为最初的观念很重要，社会上有错误观念的人很多，所以我特别提出来，各位刚开始做事，不能不注意。

发展中国家的企业和发达国家的企业，在经营管理上，无论人、事、物的品质，都有显著的差距，每次新进人员在一个单位工作了一段时间，便多多少少感到失望。要解除这种失望，首先需在观念上端正起来，不要挑剔工作，为了充实自己的经验，任何低下的基层工作，都要吃苦耐劳地去做，找工作做，不要放松自己，这样就不会为一时的低层工作或职位不高而失望灰心。

"做一点有用的事"，可以有贡献，同时获得经验充实自己，这便是最好的报酬。经验丰富了，自然奠定未来立大功、立大业的基础。以这样的观念做事，金钱便是副产品，相反地，如果不是为了汲取经验，只为追求金钱

而工作，这样的工作一定很痛苦，并且永远不会满足，这是本末倒置的做法，是在做没有根基的事业。

俗语说："不经一事，不长一智。"充分说明经验可以增进智慧，经验可以使你创造事业，当然财富跟随而来，所以福特说，经验是人家抢不去的东西，是世界上最宝贵的东西。

台塑关系企业的管理仍然未上轨道，时刻在追求改善不合理的现象。虽然今年的业绩比去年进步，但我们的产品大部分外销，需要应付激烈的国际市场，便不能有丝毫的放松。明年的业绩预算盈余20亿，和同为发展中的国家及地区，甚至和发达国家相比不算太差，也证明我们的经营管理有些进步。可是我们不能因此自满，自满就会停顿，就会落伍。

一分钟改变自己

□[英]斯宾塞·约翰逊

斯宾塞·约翰逊（1709~1784） 英国散文家、诗人、文学评论家、词典编纂家。代表作有小说《阿比西尼亚王子》，诗歌《伦敦》等。

拖拖拉拉坐失良机

一个人需要忠于自己的良心来做真切的剖析与告白，才能活得自由自在。

一般人之所以会拖拉一些较为重要的事务，多半是因为来自于害怕做

别人放手,他仍然坚持;别人后退,他仍然前冲;屡次跌倒,立刻站起来——这种人一定不会失败。

——[法]雨 果

不好,而怀疑自己的能力。但是,如果连几分钟就可以搞定的小事也要一拖再拖,其动机就不只是这么单纯了。这种状况通常与注意力的集中与否有相当大的关联。

因为,当我们手头上总是有一些未完成的琐事时,往往就可以由不断地东摸摸西摸摸,来分散掉真正所应该注意的,但却不愿去面对的事务。如此一来,大部分的时间,自然就可以有借口来以较省力的方式,处理一些极其简单的事务,这就是惰性使然所造成的结果。

这种行为模式的影响是多方面的。表面上,我们会告诉自己或他人:我之所以这么拖拖拉拉,是因为有太多重要的事等着我去做,所以,我根本没有时间来做这些琐事!但是实际上,你不但一堆琐事放着不做,连所谓重要的事,也不见得有什么进展;而其结果,常常会以看整天的电视作为收场,根本什么事都不想做!

目标不切实际

对于自己的期望较高,往往也是督促自己迈向成功之路的重要原动力之一;但是,如果当初所设定的目标,根本就不切实际的话,往往会适得其反。

一个理想主义者,对自己的期望甚高,却没有想过:有时候,这期望,其实是远远地超过自己的能力;所以,就算已经全力以赴,但是对于自己的努力不但从不感到满足,反而一再计较那些非自己能力所及,以至于搞砸的部分,因此,人生就这样陷入无止境的现实与理想的战争之中,最后的结果,往往是搞得整个人身心疲惫。

一般说来,大多数这种自我期望甚高,且又习惯于苛刻地要求自己的人,多半是因为极度缺乏安全感所致。潜意识中总是认为自己怎么做都不好,怎么做都不对,由于担心别人对自己的表现会有负面的评价,故以自我苛求来掩饰内心的不安。

因此,若要解决此难题,所要面临的最大敌人,其实就是自己。

仔细回想一下,在童年的时候,是否有下述的这些经验:不论是师长,或是父母,总是认为我们做得不够好?当我们带着考了95分的考卷,高高兴兴地回家时,不但没有被称赞,反而还被父母斥责说,为什么没有考到

100分？有没有被父母期望像哥哥一样，在学校成为一位叱咤风云的足球选手？或是我们曾经立下宏伟目标，要在25岁的时候，成为一位百万富翁，但是迄今却仍身无分文？

事后，我们就会发现，许多长辈或是自己加在自己身上的期望，是不是真正能够让自己感到骄傲与有成就；我们是为了考了95分感到高兴，还是必须承受考到100分的压力，然后当父母亲高兴了之后，自己才会觉得高兴？因此，请从理想的期望中苏醒过来吧！凡事尽力而为，如此才不会给自己太大的压力。

以积极鼓励的方式，取代批评不满的情绪，来对自己全力以赴之后的表现评分。

借助这种方式来改变自己对自己的观感，并将每一件想要苛求的事，与后来自己称赞自己的方式全部记录下来，对照一下，你会发现事实原来如此。

原来我对自己，竟是如此的不厚道啊！借此来慢慢地恢复自己应有的自尊心。

大千世界，无奇不有，用你的慧眼去努力捕捉每一次机会，因为它就在你身边。

没头苍蝇般乱撞

贪心的人走不回来，是因为贪。然而现实生活中还有一类人，他们不贪，可是也走不回来。

有一次，我要在客厅里挂一幅画，请邻居来帮忙。画已经在墙上扶好，正准备砸钉子，他说："这样不好，最好钉两个木块，把画挂上面。"我遵从他的意见，让他帮着去找木块。

木块很快找来了，正要钉，他说："等一等，木块有点大，最好能锯掉点。"于是便四处去找锯子。找来锯子，还没有锯两下，"不行，这锯子太钝了，"他说，"得磨一磨。"

他家有一把锉刀，锉刀拿来了，他又发现锉刀没有把柄。为了给锉刀安把柄，他又去校园边上的一个灌木丛里寻找小树。要砍下小树，他又发现我那把生满老锈的斧头实在是不中用。他又找来磨刀石，可为了固定住磨刀石必须得制作几根固定磨刀石的木条。为此他又去找一位木匠，说木匠有现成的。然而，这一走，就再也没见他回来。当然了，那幅画，我还是用一个钉子把它钉在墙上。下午再见到他的时候，是在街上，他正在帮木匠从五金商店里往外搬一台笨重的电锯。工作和生活中有好多种走不回来的人，他们认为要做好这一件事，必须得去做前一件事，要做好前一件事，必须得去做更前面一件事。他们逆流而上，寻根探底，直至把那原始的目的淡忘得一干二净。这种人看似忙忙碌碌，其实，他们也不知道自己在忙什么。

一天到晚牢骚满腹

恶劣情绪与病毒和细菌一样具有传染性。

美国洛杉矶大学医学院的心理学家加利·斯梅尔的长期研究发现，原来心情舒畅、开朗的人，若同一个整天愁眉苦脸、抑郁难解的人相处，不久也会变得情绪沮丧起来。一个人的敏感性和同情心越强，越容易感染上坏情绪，这种传染过程是在不知不觉中完成的。如果一个情绪并不低落的学生，和另一个情绪低落的学生同住一间宿舍，这个学生的情绪往往也会低落起伏。在家庭中，某人如果情绪低落，他们的配偶最容易出现情绪问题。

在现实生活中，失败者往往对自己的前程失望悲观，他们不喜欢自己的工作和所处的环境，总以为周围的人都是又虚伪又愚蠢，他们对任何事情都觉得郁郁寡欢，却又把自身的失意和无聊传染给周围的人。

要想成为一个成功的人，生活中一定要避免发牢骚。

牢骚会让人觉得你太刁钻。爱发牢骚的人，很难与人友好交往，即使他并没有直接说对方不好，但他那万事皆不如意的心态，让人很难同他找到共同语言。久而久之，人们还会觉得此人太"刁"，难以相处，常常避而远之，偶有接触，也只好打个哈哈敷衍了事。

牢骚会阻挡你前进的脚步。任何人都会有粗心大意的时候，犯错时理应承担错误，如果只是担心自己的实力让人低估，所以想尽量用牢骚来武装自己、争取旁人的肯定，这种人将无法获得真正的成长。人的一生如潮起潮落，起伏难定。当年林肯一生坎坷，屡受挫折，谁能相信这位鞋匠的儿子能成为历史上最伟大的总统之一呢？比尔·盖茨中途辍学时，谁会想到

他能成为世界首富呢？这样的例子多得数不胜数，世界上什么样的奇迹都可能发生，其前提只有一点：我还活着，我努力行动，我有信心，这才是人一生中最最宝贵的财富。

如果一旦传染上恶劣情绪，该怎么办呢？

设法消除产生恶劣情绪的问题，如在低落情绪中不能自拔，就应去看心理医生；

对事态加以重新估计，不要只看坏的一面；

提醒自己不要忘记其他方面取得的成就；

不妨自我酬劳一番，如去饭馆美餐一顿或去逛逛商店；

考虑一下怎样避免今后发生类似的问题；

结交那些希望你快乐和成功的人，你就在追求快乐和成功的路上迈出了最重要的一步；

把自己目前的处境与过去比较一下，尽量找出胜过过去的地方。

躲在面具后生活

我们为何经常要躲在面具的后面？我们踌躇于表现自己和保护自己的冲突之间，我们也长久地在追求功名、保持隐私之间挣扎与矛盾。

我们每个人都隐藏了些自己认为害怕或羞耻的事，也总是试着用各种方法表达歉意或自圆其说，由于我们不愿意把这一部分公开，所以给自己筑了道围墙，将别人阻隔在墙的外面。有些人崇拜像詹姆士·庞德这种情报员式的酷面英雄，他们坚强、自立、不表露情绪且与人疏远。有些人认为如果自己孤芳自赏就会受到别人的敬畏，有些人的确会崇拜这种特质，但是，崇拜并不一定能带来友谊。

戴面具的另一个重要理由是：我们害怕遭到拒绝。我们害怕开放自己之后朋友却走开了，自己也受到很大的伤害。我们害怕朋友看到我们真实的一面，害怕他们会厌恶。

然而，许多专家都发现，自我开放其实会吸引更多的朋友。有些人总是试图掩藏自己卑微的出身。事实上，只有当他们能诚实面对别人时，才能与别人更接近，并建立更亲密的关系。

　　教皇保罗八世之所以到处受欢迎,部分原因是由于他完全不掩饰。他一生都很胖,而且出生于贫苦的农家,但他从不掩饰外貌与出身的缺陷。当他当上教皇后,有一次去罗马一所大监狱,在他祝福那些犯人时,他坦诚地说他这一次到监狱是为了探望他的侄子。很多人认为他是耶稣的化身,因为除了他知道怎样分享别人的苦乐之外,另一个原因就是他"不戴面具"。

　　你是否曾有过和某人一见面,便不由得心情愉悦,并有和他进一步交谈的动机呢?

　　有些人对他交友广泛,感到很不可思议。其实博得人缘的秘密,除了实力这个因素外,就是在于一个人是否有魅力。

　　魅力并非一朝一夕就能营造的,它由许多因素共同构成,其中最重要的是要从体谅别人的心去学习成长,由此才能得到众人真心的喜爱。而要达到这个目标,说穿了其实很简单,先决条件就是"脱掉面具"!

梦想与面包

□（台湾）吴淡如

　　吴淡如　女,1964 年生,台湾宜兰县人。台湾著名的电视台、电台节目主持人。已出书多种,大都是畅销佳作,如《真爱非常顽强》等。她本人已连续 5 年获金石堂最佳畅销女作家第一名,被誉为"台湾畅销书天后"。

　　"吴小姐,不是我无理取闹,但我的不幸,唉,都算是你造成的。"

演讲会后,有一位少妇模样的女子走过来,对我这么说。一时之间,我有些恍惚……不会吧,我跟她的不幸有什么关系呢?斟酌了几秒钟之后,我开始怀疑眼前这个模样端庄的少妇精神上有问题。但是,除了眉宇之间的淡淡愁容之外,怎么看她的眼神都与常人无异。

"你的不幸与我有什么关系呢?"我决定问到底。

"是这样的,我先生是你的读者,他……本来是上班族,忽然有一天,他辞职了,说他要追求自己的梦想,要跟你一样,去做自己想做的事,追求自己的人生。""结果呢?"

她说:"到现在为止,他已经失业两年了,本来还积极开发自己的兴趣,会去上摄影、素描课程等,后来也没看他上出什么心得、培养出什么专长来,也看不出他的梦想到底在哪里。现在,我只看见他每天上网和网友聊天,约喝下午茶,唱KTV,动不动就混到三更半夜……家里的经济只靠我支撑。我虽然心急,却还真不知道该怎么说他——我也是个明理的人,一说他,又怕伤了他大男人的自尊心,或者成为阻碍他梦想的杀手。我想他这样下去,只能跟社会与家人之间脱节得愈来愈严重,我该怎么办?"说完,又重重地叹了一口气。

她的困境还真棘手,在她叹气的那一刹那间,沉重的罪恶感压在我身上。我想,我不是完全没错。

我常在签名时写上"有梦就追"四个字。对我来说,有梦就追,及时地追,是我的生活态度。我总希望,在人生有限的时光中,我们的缺憾可以少一点,成就感和幸福感都可以多一点。错只错在我对"有梦就追"这几个字,解释得不够多。"有梦就追",在实行上有它的复杂性,特别是在梦想与面包冲突的时候。

追求梦想,总是能让一颗心发亮。然而梦想与面包之间,自古以来常有些矛盾存在。

就先别提历史上所有的伟人和伟大艺术家了。这世上几乎没有一个有名有姓的人物不是梦想家。在历经梦想与现实的挣扎之后,他们选择了梦想,而且脚踏实地用一生的力量执行它。

惰性是成功的天敌

□[美]拿破仑·希尔

拿破仑·希尔(1883~1969) 美国著名成功学大师。他访问了包括卡耐基、福特、罗斯福、洛克菲勒、爱迪生、贝尔在内的500多位在美国取得卓越成就的成功人士，完成了划时代意义的8卷本著作《成功规律》。

懒惰、好逸恶劳乃是万恶之源，懒惰会吞噬一个人的心灵，就像灰尘可以使铁生锈一样，懒惰可以轻而易举地毁掉一个人，乃至一个民族。

亚历山大征服波斯人之后，他有幸目睹了这个民族的生活方式。亚历山大注意到，波斯人的生活十分腐朽，他们厌恶辛苦的劳动，却只想舒适地享受一切。亚历山大不禁感慨道：没有什么东西比懒惰和贪图享受更容易使一个民族奴颜婢膝的了；也没有什么比辛勤劳动的人们更高尚的了。

有一位外国人周游世界各地，见识十分丰富。他对生活在不同地位、不同国家的人有相当深刻的了解，当有人问他不同民族的最大的共同性是什么，或者说最大的特点是什么时，这位外国人用不大流畅的英语回答道："好逸恶劳乃是人类最大的特点。"

无论王侯、贵族、君主还是普通市民都具有这个特点，人们总想尽力享受劳动成果，却不愿从事艰苦的劳动。懒惰、好逸恶劳这种本性是如此得根深蒂固、普遍存在，以至于人们为这种本性所驱使，往往不惜毁灭其

他的民族,乃至整个社会。为了维持社会的和谐、统一,往往需要一种强制力量来迫使人们克服懒惰这一习性,不断地劳动,由此就产生了专制政府。英国哲学家穆勒这样认为。

无论是对个人还是对一个民族而言,懒惰都是一种堕落的、具有毁灭性的东西。懒惰、懈怠从来没有在世界历史上留下好名声,也永远不会留下好名声。懒惰是一种精神腐蚀剂,因为懒惰,人们不愿意爬过一个小山冈;因为懒惰,人们不愿意去战胜那些可以战胜的困难。

因此,那些生性懒惰的人不可能在社会生活中成为一个成功者,他们永远是失败者。成功只会光顾那些辛勤劳动的人们。懒惰是一种恶劣而卑鄙的精神重负。人们一旦背上了懒惰这个包袱,就只会整天怨天尤人,精神沮丧、无所事事,这种人完全是一种对社会无用的卑鄙之人。

英国圣公会牧师、学者、著名作家伯顿给世人留下了一本内容深奥却十分有趣的书《忧郁的剖析》——约翰逊说,这是唯一一本使他每天提早两个小时起来拜读的书——伯顿在书中提出了许多特别独到而精辟的论断。

他指出:精神抑郁、沮丧总是与懒惰、无所事事联系在一起的。"懒惰是一种毒药,既毒害人们的肉体,也毒害人们的心灵,"伯顿说,"懒惰是万恶之源,是滋生邪恶的温床;懒惰是七大致命的罪孽之一,它是恶棍们的靠垫和枕头;懒惰是魔鬼们的灵魂……一条懒惰的狗都遭人唾弃,一个懒惰的人当然无法逃脱世人对他的鄙弃和惩罚。再也没有什么事情比懒惰更加不可救药的了,一个聪明然而却十分懒惰的人本身就是一种灾祸,这种人必然成为邪恶的走卒,是一切恶行的役使者,因为他们的心中已经没有劳动和勤劳的地位,所有的心灵空间必然都让恶魔占据了,这正如死水一潭的臭水坑中的各种寄生虫,各种肮脏的爬虫都疯狂地增长一样,各种邪恶的、肮脏的想法也在那些生性懒惰的人们的心中疯狂地生长,这种人的心思灵魂都被各种邪恶的思想腐蚀、毒化了……"

伯顿对于同一个问题有大量的论述。《忧郁的剖析》这本书的深刻思想也集中体现在该书的这段结束语中。伯顿在该书的最后部分说:"你千万要记住这一条——万万不可向懒惰和孤独、寂寞让步,你必然切实地遵循这一原则,无论何时何地也不要违背这一原则,只有遵循这一原则,你的身心才有寄托和归依，你才会得到幸福和快乐；违背了这一原则，你就会跌入万劫不复的深渊。这是必然的结果、绝对的规律。记住这一条：千万不可懒惰，万万不可精神抑郁。"

有些人终日游手好闲、无所事事，无论干什么都舍不得花力气、下工夫，但这种人的脑瓜子可不懒，他们总想不劳而获，总想占有别人的劳动成果，他们的脑子一刻也没有停止思维活动，他们一天到晚都在盘算着去掠夺本属于他人的东西。正如肥沃的稻田不生长稻子就必然长满茂盛的杂草一样，那些好逸恶劳者的脑子中就长满了各种各样的"思想杂草"。懒惰这个恶魔总是在黑夜中出现，它直视那些头脑中长满了这些"思想杂草"的懦夫，并时时折磨他们、戏弄他们：

"正义之神正是派遣这些恶魔来折磨那些懒惰、无所事事的人。"

真正的幸福绝不会光顾那些精神麻木、四体不勤的人们，幸福只在辛勤的劳动和晶莹的汗水中。懒惰，只有懒惰才会使人们精神沮丧、万念俱灰；劳动，也只有劳动才能创造生活，给人们带来幸福和欢乐。任何人只要劳动，就必然地耗费体力和精力，劳动也可能会使人们精疲力竭，但它绝对不会像懒惰一样使人精神空虚、精神沮丧、万念俱灰。

一位智者认为劳动是治疗人们身心病症的最好药物。马歇尔·霍尔博士认为："没有什么比无所事事、空虚无聊更为有害的了。"一个人的身心就像磨盘一样，如果把麦子放进去，它会把麦子磨成面粉，如果你不把麦子放进去，磨盘虽然也在照常运转，却不可能磨出面粉来。

那些游手好闲、不肯吃苦耐劳的人总是有各种漂亮的借口，他们不愿意好好地工作、劳动，却常常会想出各种主意和理由来为自己辩解。确实，一心想拥有某种东西，却害怕或不敢或不愿意付出相应的劳动，这是懦夫的表现；无论多么美好的东西，人们只有付出相应的劳动和汗水，才能懂得这美好的东西是多么的来之不易，因而愈加珍惜它，人们才能从这种"拥有"中享受到快乐和幸福，这是一条万古不易的原则。即使是一份悠闲，如果不是通过自己的努力而得来的，这份悠闲也就并不甜美。不是用自己劳动和汗水换来的东西，你就没有为它付出代价，你就不配享用它。

在现实社会生活中，无论一个人处在什么样的社会阶层，他具有什么样的地位和身份，他都必须或者说有义务去努力劳动。无论是穷人还是富

人、达官显要还是普通市民都必须各司其职、各尽其力、各尽所能,为社会作出自己应尽的贡献。但有些人却偏偏会这样去做——白吃白喝一辈子,从来没有为社会作出自己的贡献。

还有的人对别人有一种依赖心理,借此减轻自身的负重,所以人们需要朋友,需要亲人,需要他们的爱来帮助克服困难。这些心外的支撑固然重要,但更多的时候人需要自己支撑自己,比如你跌倒,你要站起来,靠的主要是你自己的力量。下面一则寓言故事可说明。

三个夜行人突然遇见一群狼的袭击。

他们手无寸铁。正在惶恐不安中,一个过路的猎人克劳第安解了他们的围。克劳第安开枪打死了一只狼。其余的狼便逃命跑了。

猎人克劳第安和三个夜行人点燃篝火,一边烤狼肉,一边聊天。三个人和猎人克劳第安成了朋友。

"猎人大哥,明年这时候我路过这里时,会给你带来一匹棉布,你家就不愁穿衣了。"一个商人说。

"猎人大哥,明年这时候我也会路过这里,到时我会给你送来一车粮油,你全家就不愁吃饭了。"一个农场主说。

"猎人大哥,明年这时候我同样会来,我会给你带来一支上好的猎枪。"一个枪贩子说。

一年后,在三个夜行人与猎人克劳第安约好的日子里,猎人克劳第安来到路边等待。

他让他的妻子和孩子什么事也不要做了,他说那三个朋友会把吃的穿的送来的。他折断了自己的旧猎枪,等待着新猎枪。

可是,一天又一天过去了,一个月又一个月过去了,三个朋友没有一个到来。

孩子饿死了,妻子也饿死了,猎人克劳第安自己已经奄奄一息,但他仍然坚持在路边等待。这一天,商人终于来了,他果然给他带来了几捆棉布。

"对不起大哥,外地一个生意耽误了我的行期。为了弥补我的过错,我给你带来三匹棉布。"商人歉疚地说。

第二天,另一个朋友农场主给他拉来两大车粮油。

"对不起大哥，路上遇到了大水，阻了行期，今天我给你送来两车粮油。"农场主说。

第三天，另外那个枪贩子背着一支崭新的猎枪来了，他对猎人克劳第安说，由于一笔生意出了差错，所以现在才赶来，为了弥补自己的过失，他给猎人克劳第安另外背来了一万发子弹。

猎人克劳第安有气无力地说：

"可是这有什么用呢？我的孩子饿死了，妻子也饿死了，我自己也活不过明天了，这些东西对我已经没用了。"猎人说完，闭上了眼睛。

三个朋友面面相觑，他们没有想到，猎人克劳第安由于对他们寄予了太大希望，而出现如此严重后果。他们不明白，是自己的错，还是猎人克劳第安的错。

另外，一个人生命的意义也不能仅拿他活了多大岁数这个标准来衡量，那种认为活得越久，生命的意义越大的观念是不正确的。衡量一个人生命的意义主要应看他干了什么，他对自己所干的事情的兴趣如何。他干的事情越有益，他为之付出的精力和代价越大，那么，他的生活就越充实，从而也就越有意义。

那些一辈子无所用心、无所事事、虚度年华的酒囊饭袋即使年逾百岁，也不过如同一株朽木仍在活着一样，这样的人生又有什么意义可言呢？

优柔寡断的危害

□[美]奥里森·马登

奥里森·马登(1848~1924) 美国家喻户晓的《成功》杂志的创办人。被公认为美国成功学的奠基人和最伟大的成功励志导师之一,一生撰写了大量鼓舞人心的著作,包括《一生的资本》、《思考与成功》、《伟大的励志书》、《成功的品质》、《高贵的个性》等。

1902年,意大利的佩里火山爆发,滚滚的火山灰如同湍急的洪水,顷刻间将圣皮埃尔城化为乌有。殊不知,关于这次火山爆发,还有一段令人难忘的故事。

就在火山爆发的前一天,意大利"奥萨里娜"号帆船正在圣皮埃尔城港口装运货物。看着佩里火山即将爆发的危险状况,船长马里诺·雷波菲决定立即停止装货,马上扬帆离开港口。货主立即对雷波菲的决定表示抗议,并威胁说,如果帆船只装了一半货物就要离开,他们将通知警察将雷波菲逮捕。但是,雷波菲的意志是坚定的,他说,既然作出了决定,就不能改变。对于货主们的威胁,以及他们关于佩里火山的爆发并不可怕的保证,雷波菲坚定地回答:"关于佩里火山,我知道的并不多。不过,如果你们眼中的佩里火山就是维苏威火山的话,我会离开那不勒斯的,就如同我马上就要离开这里一样。我宁愿只运送一半的货物,也不愿冒着被火山吞没的危险。"

24 小时之后，货主和两名试图逮捕雷波菲的海关官员被急如湍流的火山灰吞没了，葬身于圣皮埃尔城，而"奥萨里娜"号帆船、船长和船员们却安全地在远离圣皮埃尔港的公海上航行，他们正朝法国驶去。坚强的意志和坚定的决心使得"奥萨里娜"号全体人员幸免于难。如果雷波菲妥协、退让的话，他将被埋葬在火山灰之下，给全体人员带来毁灭性的灾难。

当今这个瞬息万变的社会需要的就是这种意志坚强、精力充沛、充满自信的人。他们不仅能够根据所有的因素当机立断，作出决定，而且还能够坚持自己的主张。通常来说，这样的人具有较强的管理能力。他不仅能够制订一项计划，而且还能够实施这项计划；他不仅能够选择出一条道路，而且还能够坚定不移地沿着这条道路走下去。

每块手表的表盘后面都有一根看不见的发条。这根发条能够迫使轮子转动，从而使表针能够准确地指示时间。同样，在每项伟大工程项目的背后，在每个公司的领导层，都有一个意志坚强、态度果断、坚决的人。正是他的这种坚定不移、果敢才使得事情能够按预定的方向发展，迫使机器的轮子正常、有规律地转动，最终达到预期的目标。对他来说，既然选择了，就没有回头路可走。他的决定是绝对的、确定无疑的，也是决定性的。其他的人可以考虑、提供意见或者建议，而他则制订计划，并监督计划的实施。他拥有支配的权力，其他的一切都必须以他为中心，其他人必须执行他的命令和决定。如果他下台了，或者不再发号施令了，整个机构就像一块断了发条的手表一样。轮子还在，指针还在，其他的一切都还在，然而，没有了驱动力，任何一个部件都失去了转动的能力。

斯图尔特建造的公司曾经辉煌一时。然而，由于公司缺乏一个态度坚决、果断的铁腕人物，从而使得公司陷入破产的境地。罗伯特·邦纳建造的"纽约雷格尔"公司曾经因为他的大胆创新和新颖的经营理念而红极一时，成为当时媒体竞相报道的对象，被誉为"商人雷格尔"。然而，由于后来的公司总裁改变了原来的经营理念与作风，从而使得公司的业务量一落千丈，最终被迫关门停业。

一个有魄力的领导人是难得之才。虽然不能说是万里挑一，然而，这种人才的确是很少有。对于每个人来说，沿着他人的足迹、依靠他人、跟

随他人走并不是一件困难的事情；然而，要想开拓创新、冷静果敢、当机立断，你就必须有自己的胆识、勇气、毅力支撑住自己的躯体，作出自己的判断。

如果你的意志不坚决，立场不坚定，如果你优柔寡断或者无论做什么都是左思右想、权衡再三，不知道自己到底想要什么，你将永远都不可能成为一个领导者。领导者之所以成为领导，不是因为他知道东西的多少，或者能力的大小，而是因为他有知道自己在做什么的头脑和坚决、果断的作风。他知道自己想要得到什么，并想尽一切办法实现这个愿望。他可能会犯一些错误，他可能时不时地遇到挫折，但是，他总是能立即站起来，继续朝着目标奋斗。

那些永远都站在钢丝绳上不敢前行的人、永远都不知道该选择哪条路线的人、过于在意舆论和他人议论的人、听从最后一个人的意见的人、选择最容易走的路的人以及无法作出决定的人，这些人是世界上最可怜的人。他们是最没主见的人。对他们来说，中午吃什么饭都需要花上几个小时的时间来筹划。对于建立自信来说，他们容易受他人的影响、容易改变自己的看法和主张，或者对自己的立场不坚定，这些都是非常致命的。

对大多数人来说，作出决定似乎是一件生死攸关的事情。他们没有勇气承担责任，因为他们不知道作出的这个决定会产生什么样的结果。他们担心，一旦今天作出决定，明天将可能出现更好的情况，因而他们可能会为今天的决定而懊悔不已。这些优柔寡断、摇摆不定的人的这种做法最后成了习惯，从而使得他们丧失了自信。在对重大事情作决定的时候，他们甚至不敢相信自己。由于养成了致命的优柔寡断的习惯，他们的一些能力因此被埋没了。难怪他们不能取得成功，难怪他们得不到他人的信任。试想：连自己都不相信的人，有谁会相信你呢？

我有一个朋友，只要能够避开，他是不会主动就任何重要的事情作出决定的。做任何事情，不到万不得已，他是不会作出决定的。不到最后一分钟，他是不会封上信封的，因为他想自己可能会添加或者改变信的一些内容。为了改变信的内容，甚至是在邮票已经贴上、信封已经封上之后，他还会将信封撕破。他经常在信已经发出之后在对方尚未打开之前给对方发电报，要求对方将信件返回，因为他要修改信的内容。尽管他是一个很不错的工作者，性格、脾气也很好，对人也很友好，但是，他做事的优柔寡断、摇摆不定却是出了名的。因此，他从来都没有赢得一个商人的信任，他永远也不可能赢得他们的信任。了解他的人都为他的这个缺点感到遗憾，也不会把任何重要的事情托付给他。

　　我的一位女性朋友也是这样的一个典型。尽管她在其他方面都很优秀，但是，却有优柔寡断这样一个缺点。如果想购买一件商品，她会走遍所在城市销售这种商品的所有商店。她会从一个柜台转到另一个柜台，从一家商场逛到另一家商场，从一个商店走到另一个商店，把那件商品拿过来，把它举在手中，从不同的角度来看它、观察它，但是却不知道自己到底需要哪一种品种。在观察某种商品的时候，她会从商品的形状、风格等方面来区分同一种商品的不同之处，但是却不知道哪一种最合适她。她会试遍商业区所有店铺的帽子，看遍所有的衣服，问烦所有的店员，但最终却什么也没有买。她想要买一件保暖的衣服，但是又不要过于保暖的、过重的；她还想要买一件无论是夏天还是冬天穿起来都很舒服的衣服，或者买一双既能够登山又能够下海的鞋子；她想买一件既能做礼拜又能进出剧院的衣服。无论是买衣服，还是做事情，她都要一石二鸟，然而两种功效却又是截然不同的两个方面。即使买了某件衣服，她会怀疑自己的选择是否正确，要么考虑拿回到商店去换另外一件，要么征求所有她知道的其他人的意见。无论买什么东西，她从来都没有一次买成的，每件东西都要换上两三次。即使如此，她也没有满意的时候。

　　对于性格塑造和培养来说，这种优柔寡断、摇摆不定的态度是非常致命的。任何一个举棋不定、没有勇气作出决定的人都是不能成就一番大事的。因为，这种性格只能毁掉一个人的自信心，使他失去自己的判断能力。对于一个人的成长，这样的习惯具有非常大的破坏性。

　　无论作什么样的决定，你都要按照这个要求坚持下去，直到养成作出坚定决策的习惯。到这个时候，你就会惊喜地发现，这个习惯不仅会增强你的自信心，而且还可以增强他人对你的信心。在开始的时候，你可能作出错误的决定，犯一些错误。但是，你因此而获得的越来越准确的判断力将是最好的补偿。你的判断力将因此而变得越来越强，而你也会变得越来越自信。如果你不能作出决定性的选择,你人生的航船将会漂泊不定,你永远都无法达到人生的彼岸。你会在生活的大风大浪中漂泊,任凭风吹浪打,永远都无法靠岸。

第四辑
成功是个相对值

上帝听说每个人都前所未有地崇尚成功，于是问了很多凡人："你认为什么是成功？"有人说："成功就像大款一样有闲有钱。"有人说："成功就像名人一样有头有脸。"

上帝听了，化身为一个有钱的明星，拦住一个正在休闲地骑自行车的男子："我有钱有名，你认为我和你谁更成功？""我是父母的好儿子，子女的好父亲，妻子的好丈夫，我自由而且快乐，而你只有钱和名，你说谁更成功？""成功的标准难道不是我们这些有钱人给的吗？"男子微笑着说："那上帝造我们这些人出来干什么呢？"

青少年受益一生的
名人成功心得

成功之外的人生选择

□ 谢有顺

谢有顺　1972年生于福建长汀。当代学者、文学评论家。主要从事中国当代文学和文化研究。出版有《我们内心的冲突》、《活在真实中》、《我们并不孤单》、《话语的德性》、《身体修辞》、《此时的事物》、《先锋就是自由》等论著。

　　20~30岁的人群成为各年龄段压力之首，是一个耐人寻味的话题。这些人一走上工作岗位就处于激烈竞争的环境中，他们除面临工作的压力外，还有成家、购房、子女抚养和社会交往等诸多压力，这也是社会转型期出现的新问题。一个以成功为最高理想的社会，必然崇尚英雄主义，追求出人头地，似乎不成功就会沦为社会的落后者，在这种思想的支配下，许多无名的压力也就应运而生了。

　　但是，我们必须看到，任何社会，成功者总是少数，更多的人，只是过着平凡生活的芸芸众生。问题是，这些芸芸众生是否有勇气平静地对待不成功的现实？是否能把平凡的生活也当做一种幸福来享受？

　　成功并非实现人生价值的唯一途径，在成功之外，还有许多种人生选择，能够帮助我们找到快乐、获得幸福——环视我们的周围，其实不乏平凡而快乐的人，他们或许一生都是普通职员，谈不上什么成功，但他们努力生活，不给自己制造压力，反而善于发现和享受生活中那些细小的快乐，这何尝不是一种幸福、理想的人生？

　　能成功固然好，但不成功也未必就是失败。假如我们社会不是一味地唯成功是举，而是有着更多的人生选择方案，能更注重生活的品质和精神的自我陶冶，那么，每一个人所遭遇到的压力就会少得多。人性社会的重要标志，就是尊重人有软弱的权利、不成功的权利，捍卫人有维护自己内心完整性的自由，而不是夸大成功的普遍性，给大多数人制造压力。

　　其实，精神的自由和快乐，远比世俗的成功要重要得多。然而，在现代中国，老子说的"道法自然"、陶渊明说的"悠然见南山"、苏东坡说的"夫天地之间……而吾与子之所共适"等人生境界都已被人抛弃，似乎唯有腰缠万贯、功成名就才是幸福人生的典范——许多时候，人生压力正是产生在朝这个目标一路狂奔的时候。

　　现代人似乎不会享受简单的快乐和幸福了，他们为了成功，宁愿享受痛苦和压力。如今，人生压力的普遍加剧已经成了一个不容忽视的社会危机。

　　要破解这个危机，真正有效的，还是每个个体的自我努力，因为任何压力都源自内心，只有当内心有了精神依傍、幸福有了更多的实现途径，人生的压力、精神的焦虑才能得到真正的释放和缓解。

第四辑　成功是个相对值

成功的人生

□（台湾）傅佩荣

傅佩荣 1950年生，祖籍上海。台湾大学哲学系教授，美国耶鲁大学哲学博士。著作近100种，涵盖哲学研究与入门、人生哲理、心理励志等。大陆已出版《哲学与人生》、《智者的生活哲学》、《智慧与人生》、《走向成功人生》、《孔子的生活智慧》等。

人人都希望成功，但是每个人对成功的看法却不尽相同。一般来说，成功的两个指标是：别人认为你是否成功，以及你认为自己是否成功。这两个指标之间的关系，就像吸管与果汁的关系一样，非常密切。假使要想享受一杯甜美的果汁，最好两者兼备；万一无法兼得，当然是取果汁而弃吸管了。全世界的人都认为你成功，而你却自觉是个失败者，这种情形就像拥有各色各样的吸管而没有果汁，徒然更增难堪。

成功与否不能取决于外在世界的标准，就像每个人的人格皆有其独特性，不能完全约化为某种既定的类型。我们先看看以下几个人的见解。

曾获诺贝尔文学奖的福克纳说："我天生是个流浪汉。当我一无所有时，最觉快乐。我的一件旧外套有两个大口袋，我在里面装着一双袜子、一本莎士比亚的书，加上一瓶威士忌。这时我快乐得很，什么都不需要，什么责任都没有。"我们大可不同意这种观点，但福克纳却颇能自得其乐。再就

20世纪公认的活圣人史怀泽来说，当他1955年80大寿时，世界各地都有人向他致敬，大批捐款涌到非洲，就在他创立的医院门前还聚集了500人为他唱歌、摇铃、献花、祝寿。他的感想却是："我实在不喜欢这种乱哄哄的场面，真是烦不胜烦。"他显然更重视内在的与外在的安宁。

成功与快乐不能相离。桑德认为快乐的条件是"欲望单纯、稍具勇气、适度自谦、喜欢工作，以及最主要的，良知清明"。幸福其实就在每个人的手中。人人都可以成功。因为决定你成功的不是这个世界。印度圣雄甘地临终时的遗物可以证明这点，当时他所拥有的是：一副眼镜、一双拖鞋、几件外衣、一架纺车，以及一本书。事实上，大家都承认甘地是举世最富有的人之一。人之成熟与否，决定于他对世界万物的需求是否越来越少。耶稣曾说："富人进天国，比骆驼穿针孔还难。"因为富人的心志容易"役于物"，就像拥有一间房屋的人还可以自称是房屋的主人，但是拥有两三间以上的话，就难免沦为房屋的奴仆了。更重要的是，精神财富往往与物质财富成反比。《瓦尔登湖》的作者梭罗说得好："一个人富有的程度，与他舍弃财物的能耐成正比。"成功的人是能够自己做主的人。

从上述说法看来，成功是出自一个人内在的自我肯定，而不是外在的财富、名望、地位、权势所能增减的。并且，人应该对自己负责，罗马皇帝奥略留斯说："让我的灵魂走上正轨，我自己可以完全负责；但是国家能否走上正轨，就不是我一人可以完全负责的了。"的确，每一个人都握有自己成功的钥匙，只要他知道途径，最后总会寻得幸福的。

成功的误区

□ 徐浩渊

徐浩渊 女,1949年生于河北平山。美国圣母大学神经生理与行为科学硕士、药理生理学博士,宾夕法尼亚大学博士后。2000~2002年,先后与北大在线、清华同方合作开发多媒体心理课程;2002年创立"心育心行为科学中心",在中国人体健康科技促进会的支持下,推进中国的心理卫生事业。

  成功,是人类发明的一个抽象观念,用来描述个体的能力和成就。然而,每个特定的社会,在其特定的历史时期,赋予成功很不相同的含义。即便是一个人,在一生当中,对于"成功"、"失败"的感受,也会随着年龄和阅历的增长而改变。

  从20世纪80年代开始,"成功"这个字眼成为美国主流社会的顶级时尚,如今在中国人群里也颇为流行,给不少人平添了不小的压力。关注"成功"的人们,满足现状也好,不满足也好,嫉妒别人也好,绝望自杀也好,他们都有一个共同特点,即注重外界对自己的评价,活在一种不断与周围人作比较的相对生存状态之中。

成功不在于闹街上的喧嚣，也不在于人群中的欢呼和喝彩，而在于我们自己。

——[英]朗费罗

谁在乎成功

"你看人家小萍的丈夫混得多火，下海自己当老板才几年呀，家里装修得像五星级宾馆一样，车也买了，儿子还进了贵族学校……那才叫成功呢。"听着妻子不厌其烦地唠叨着邻居的"业绩"，陈光心里很窝火。尽管他觉得邻居家的装修俗不可耐，也不希望自己的女儿上什么贵族学校，但是妻子的话还是给了他很大压力，让他感到自己并不成功。

陈光从小就是学校里的拔尖学生。从北京师范大学毕业以后，和班里最漂亮的女生结了婚，分配到大机关工作。那可是 20 世纪 80 年代最令人们羡慕的职位，陈光雄心勃勃地要做一番大事业。十几年过去了，勤勤恳恳的他，好不容易升到了副处长，分到了一套单元房，孩子也上小学了。前几年，陈光周围有些人下海，妻子也眼热地鼓动他"寻求自我发展"。可是陈光了解自己，他适宜读书写文章，按部就班地做事，不喜欢去做那些冒险、拉关系、天天脑筋翻新的行当。

然而，自己每天骑着自行车上下班还没有什么关系，陈光却受不了女儿天天吵吵着要买名牌衣物，还有妻子眼巴巴地看着别人家汽车的眼神。上次中学同学聚会，好几个班里当时没考上大学的家伙，都开着自家的汽车"嘟嘟"地来去。不知怎的，一向自视清高的陈光，脑子里又浮现出了那两个恼人的字：成功，心里沉甸甸的。

你有过陈光那样的感受吗？是不是也为了感到自己的不够成功而烦恼呢？有没有被妻子或爱人旁敲侧击的话语所激怒？或者，你是一位被人们称做"女强人"的女性，虽然事业走得还挺顺，却因为自己没有满意的婚姻或者男友，而暗暗地发愁自己"做女人的不成功"呢？

由于成功这个定义含混的字眼，给不少人带来了莫名的巨大压力，我开始注意这件事。为了搞清楚来龙去脉，我首先习惯性地观察自己。说来也怪，当我仔细琢磨自己对这个词汇的感受时，方才发现，这么时髦的词儿，竟然与我无干系，就好像市面上的时装潮流，从来也不曾吸引过我的注意力一样。

接着，我再仔细查看，回想我见过的中国人和美国人，似乎大部分人，

并不关心这个事。不关心"成功"的人群呈现两个极端：一类是朴实的劳动人民，实实在在地过着自己的日子。生活中一点小小的变化，如孙子出了颗牙、精心栽种的花开了、朋友的称赞等，都让他们很开心；另一类是被社会公认的非常成功人士，他们一门心思地拼命干着自己看重的、有兴趣的事情，对于世人对他们"成功"或者"不成功"的议论，不大理会。不信你去读一下 GE 前任总裁——世界公认的成功企业家韦尔奇博士的自传，其中很难找到"成功"这个字眼。只是在序言里，他写道："……《商业周刊》上的那篇关于我的长篇封面报道所引发的洪水一般向我发来的邮件……其中有很多人说，由于组织机构的压力，他们不得不改变自己做人的原则，忍受某些事情，服从于某些人的意志，而所有这一切只不过是为了所谓的成功……"成功，在这里显然成了被藐视的贬义词。

总之，不关心"成功"的人们，主要关心自己认为有趣、有意义的事情，而不太关注外界对他们的反应。

让我们再来看看被"成功"二字激动或者困扰的人群。其中，一部分人是改革开放的第一批受益者，在特区首先富裕起来，最先拥有房子、车子、票子，享受当前社会给他们的"成功者"称号，活得心满意足。还有一些人，无论是创业有成的业主，还是攀登三资企业的经理人，花上个几万、十几万，到中欧、清华、北大管理学院镀金，期望自己再迈上几个台阶，这些人心理有压力。另外一部分人，如同陈光和他的妻子，虽然羡慕前两种人，可是自己没有勇气去拼搏，但又怕自己在当前的经济大潮里要被落下，心理压力大，心态不平衡。更有少数人，已经被社会视为"成功人士"，在"成功"的大帽子下面喘不过气来，心理失衡，甚至结束了自己的性命：1994 年上海大众汽车的中方总裁方宏跳楼；2000 年《时尚》杂志总编跳楼；2003 年歌星张国荣跳楼……美国人破产了跳楼，中国人成功了也跳楼，这是怎么啦？

总的来看，关注"成功"的人们，满足现状也好，不满足也好，嫉妒别人也好，绝望自杀也好，他们也有一个共同特点，即，注重外界对自己的评价，活在一种不断与周围人作比较的相对生存状态之中。他人得了什么分数，挣了多少钱，得到什么荣誉，都能影响这部分人的情绪。这群人的年龄多在 25~45 岁之间。

成功的个人时期性

为了撰写"成功"这一节，我与20多位朋友讨论了这个话题，了解他们对于"成功"的看法。他们之中，有一半的人，按中国目前的社会标准被称为"成功者"；另一半人，中等生活水平，过着城市人的平常日子。他们的年龄在25~60岁之间，男女各半。

由于年龄、性别、阅历、生长地域的差异，每个人都有自己特别的想法。然而，多数人具有一个共同的感受，即，随着年龄和处境的改变，他（她）对于成功的看法也变了。

一个朋友这样对我说："小时候，在全省少年儿童的比赛中，我制作的飞机模型得了第一名，开心死了，很有成就感！后来，考上清华大学，圆了自己和父亲的梦，以为自己进了成功的保险箱，当时很兴奋的。哪里晓得，4年以后，到了毕业的时候，我有点儿心慌，不知道走出学校以后能干什么。于是，再一次发挥我擅长读书、考试的优势，考到美国读博士。那时，周围的人都非常羡慕我，父母亲的朋友们，干脆把我树立成他们孩子的成功榜样。可我自己知道，人生之路变得渺茫起来。拿到博士学位以后，我在美国通用汽车公司(GM)工作了5年，成了家，还为公司创造了两项专利。房子、车子、游艇都有了，但是我却活得并不快活。有时候问自己，就这样过一辈子啦？最终，我还是决定回国来创业，干自己喜欢的事。经过6年的拼搏，现在我的公司有了一点儿模样，大家都说我很成功。但是说老实话，我真的不知道自己的选择是对是错。我觉得太累，身体大不如以前，连我的个人爱好很久都没时间碰了，妻子、孩子还在想念美国的日子……而且，我再也没有过那种看着自己的飞机模型翱翔蓝天的快乐。成功，有那么重要吗？比尔·盖茨拥有几辈子都挥霍不尽的财富，还在玩命干，你说他活得快活吗？"

在外人眼里，我的这位朋友，年轻（今年39岁），事业有成，家庭美满。用当前社会的标准衡量，他是个典型的成功者。但是，我看到他的白头发竟然比我的还多，一脸疲惫不堪的样子。他是这个年龄群体之中有内心追求的人，不轻易满足。从他的故事里，我们可以看到，当他按照社会的"成

功"标准,一步步走过来的时候,对于他,成功这个概念渐渐失去了原本的意义,变得越来越不重要了。

另外的一个"成功"朋友,向我倾诉了"成功以后的孤独",说:"人们来找你,总是有事相求,连过去的老朋友都变了味儿……我常常觉得自己像是一个爬山的人,好不容易爬到了山顶上,忽然不知道自己该做什么了。因为我好像一辈子除了爬山,不会做别的事情。再给自己指定一座更高的山去爬?为什么呀?那不是离人间的事越来越远了吗?现在我已经尝到了高处不胜寒的滋味儿了。"

有趣的是,在成功的话题讨论里,活得最爽的人,竟是我中学时代的一位女同学,她前年退休了,又被返聘回医院药房工作。丈夫是一位普通工人,心灵手巧,宽宏大量,充满爱心。夫妻俩咬着牙,把女儿培养到大专毕业,现在一家外资企业工作,他们可算是没有了经济包袱。女儿结婚了,女婿也很体贴,还特意为他们买了银建会员卡。每个周末,他们都开车到远郊去游玩,还对我说:"我们带你去歇一歇脑子。"我说,等这本小书写完了,一定去。当我问到她,"什么样的人算是成功",她笑眯眯地回答:"我就活得挺成功的呀!"我不得不从心底里赞同她。

的确,每个人都有自己成功的标准。如果你的成功标准,永远和他人得到的东西作比较,就会变得永远不满足,心理不平衡。假如你是和自己的过去比较,我是不是又增长了更多的能力?明白了更多的事物?我们家里又添置了大一点儿的彩电;我的孩子终于长大、自立了等,就会活得很开心。学会自得其乐,实在是人生的一大成功。即便是投入外界的竞争和比赛,你也容易享受其中的快乐与兴奋。

什么才是真正意义上的成功

□ (台湾) 李开复

李开复　1961 年出生于台湾，后移居美国。获美国卡内基梅隆大学计算机学博士学位，开发出世界上第一个非特定人连续语音识别系统。1998 年加盟微软，任微软公司副总裁；2005 年加盟 Google，出任 Google 中国区总裁。著有《做最好的自己》一书。

对成功的困惑

　　成功，一个既简单又复杂、既平实又玄妙的字眼。在浩瀚的历史长河里，东西方的无数先贤为了悟透成功的真谛而皓首穷经；在纷繁的现代社会中，一代又一代的年轻人为了追求或世俗或理想抑或是有个性的成功而奔波忙碌。人人都在追寻成功，但却很少有人能静下心来好好想一想：

　　到底什么是成功？

　　成功究竟能带给人们什么样的满足和体验？

　　21 世纪的年轻人应当如何追寻成功？

　　这些看似简单的问题，却经常令青年一代陷入迷茫和痛苦之中……

　　有的人见到社会上一夜暴富或一步登天的例子，就希望自己也能用速成的方式获得地位和金钱。为了达到速成的目标，他们经常在"零和竞争"

83

中伤害他人甚至危害社会。

有的人虽然考上了名牌大学,但他们似乎已经习惯了中学时代名列前茅的感觉。在大学校园里,面对实力不俗的众多优秀学子,他们惘然若失,甚至深感自卑,对自己的学业和前途丧失了信心。

有的人从小就处于被动状态,读书、选学校、选专业等,完全听命于父母和老师。这些人不知道何为积极主动,何为自觉和自主,除了盲目的竞争、攀比以外,他们唯一可做的就只有虚度光阴了。

有的人考上大学之后,突然发现可以由自己支配的时间骤然增多,但不知道应该如何管理时间,如何控制自己。这些人常因为对自己要求不严或交友不慎,沉迷于网络游戏等不良习惯之中,最终既荒废了学业,又耽误了前程。

有的大学生对专业学习兴致索然,对校园生活也提不起兴趣,他们明知自己不喜欢或不适合所学的专业,却既没有勇气改变现实,也没有胸怀接受现实。

有的大学生面对校园里流行的各种思潮和价值观,如经商、创业、出国、从政等,感觉无所适从或者人云亦云、朝秦暮楚,完全丧失了自己的立场和主见。

有的大学生把自己封闭在校园的围墙之内,他们不了解社会现实,对社会实践和就业深感恐慌,或者在求职时眼高手低,屡屡碰壁后又对自己在校园里虚度光阴的做法自责不已。

还有许多年轻人无法处理好正常的人际关系,当自己在学习、生活或感情方面遭受挫折的时候,就会由此消沉下去,甚至走向极端(杀害同学的马加爵就是一个极端的例子),抱憾终生。

每个青年都向往成功,每个学生都企盼成功。有时候,成功好像近在咫尺;有时候,成功又似乎遥不可及。

几年来,与中国各地大学生的面对面交流,与无数年轻人的网上沟通,令我真切地感受到,中国的青年一代经常会走入一元化成功的误区而无法自拔,他们迫切需要关于成功的指导和帮助,并希望学到真正有效、切实可行的成功法则。

我愿意和广大青年一道,探索成功的奥秘,寻找通向成功的道路。但在展示和讲解具体的成功法则之前，需要先探讨一个最基本也是最重要的话题：

到底什么才是真正意义上的成功？

一元化成功的误区

我在中国工作的时候，认识了很多中国学生。其中有位来自名牌大学的同学，成绩优异，智商和情商都非常出众。

有一天，这个学生问我："开复博士，我希望自己能像您一样成功。根据我的理解，成功就是管人，管人这件事很过瘾——尤其是在每次发放薪水时，管理者一定会有大权在握的感觉。那么，我该怎么做才能走上管理者的岗位呢？"

我问他："你认为，成功到底是什么呢？"

他回答说："成功就是有财富、有地位，成功就是做领导、做管理。"

我没有想到，一个名牌大学的高才生对成功的认识竟然如此片面和肤浅。而中国社会历来也有个通病，就是希望每个人都按照一个模式发展，衡量每个人是否成功时采用的也是一元化的标准：在学校看成绩，进入社会看名利。

我并不排斥将成绩或名利视作成功的标准之一，但同样有价值的成功标准还有许多种，不能因为强调成绩、名利而忽视了其他因素，更不能因为推崇某一种成功模式而堵死了所有其他通往成功的道路。

片面追求成绩或名利、限定成功方向的做法是典型的一元化成功模式，对青年一代的负面作用相当大。一旦走入一元化成功的误区，就会因为急功近利和目光短浅而忘记了真正属于自己的目标和理想，忘记了自己在社会中应有的价值和责任。即便最终获得了梦寐以求的名和利，也不一定能体验到真正的快乐。

在我看来，一元化的成功模式有两个极为明显的弊端：

首先，一元化的成功会让许多人失去正确的奋斗方向。

在一元化成功模式的影响下，即使是某些最优秀的人，也往往不甘心于"自我评价"和"自我激励"，他们时刻企盼着成为世俗评价体系中的"成

功人士"，一旦遇到大的挫折，或是遭到机遇和命运的捉弄，就会逐渐丧失自信和快乐，甚至有可能就此走向迷茫或消沉。

有位学生曾写信给我说：

"2004 年 7 月 9 日，我收到了某重点大学电子信息工程系的录取通知书，整个村庄的人都为我高兴。但我自己明白，这一结果与我的既定目标清华、北大之间还有不小的距离，这根本不是我想要的结果。

"我现在是多么困惑、烦恼和无助啊！我的上帝呀，我知道我这是在堕落，可我又能怎样呢？"

我回信是这样写的：

"一个优秀、努力、自信、自觉的学生，进了名牌大学，他能取得成功的概率也许是 90%，进了其他重点大学，概率也许会降到 85%，进了普通高校，这个概率也不会低于 80%。

"但是，一个没有良好的价值观、没有正确态度的学生，即使进了名牌大学，他的成功概率也一定是 0。

"我自己当初申请大学时，最想进的哈佛大学、斯坦福大学都没有录取我，结果，我去了哥伦比亚大学。但我并没有选择自卑和沮丧，我很好地把握住 85% 的成功机会，在学业和事业上都作出了很好的成绩。

"祝愿你把握住 85% 的成功机会，不要成为一个自暴自弃的人。"

成功的道路不止一条，成功的标准也不止一个。在与他人的竞争中脱颖而出固然是成功，但有勇气不断超越自己、不断超越过去的人，为什么就无法跻身于成功者的行列呢？如果只知道被动地接受世俗化的成功标准，就只能在人云亦云的氛围中迷失自我，盲目地选择那些并不适合自己的成功之路，或是像这位高分考入重点大学的学生那样，为自己戴上沉重的精神枷锁。

其次，一个崇尚一元化成功的社会一定是不完整、不均衡的，社会中绝大多数成员都很难体会到真正的快乐和幸福。

在一元化的视角下，如果仅以"成绩"和"名利"来衡量个人、团体乃至社会的成败，那么，这个社会上 99% 的人都无法跻身于成功者的行列。毕竟，在学校中考得高分的只能是少数人；在工作中晋升为领导或成为亿万富翁的也只能是少数人。这些人固然在自己的奋斗方向上取得了成功，但其他人都是失败者吗？例如，那些不善于死记硬背，却能在实践中一展身手的学生，那些缺少一些领导才华，却能在特定领域深入钻研的技术专家，还有那些不喜欢追名逐利，却能在知识的天地里自由驰骋的学者，我们能说他们都是失败者吗？

如果一个社会的整体价值观只承认少数几类成功者，那么，在各自的领域里取得了不俗业绩却无法获得社会认可的人就很难体会到真正的快乐，这个社会中有勇气从事那些寂寞、枯燥但却真正有价值、有意义的工作的人就会越来越少。这样的社会很难达到均衡发展的状态，也很难在国际竞争日趋激烈的时代走到世界的前列。

多元化成功才是真正的成功

真正的成功有很多种：它可能是创造出了新的产品或技术，可能是取得了突破性的科研或学术成果，可能是因自己的行为而给他人带来了幸福，可能是在工作岗位上得到了别人的信任，也可能是找到了最能使自己满足和快乐的生活方式。同样，靠自己的努力取得令人羡慕的名望和财富也是一种应当被尊重和认可的成功。

一句话，多元化的成功才是真正的成功。从不同的角度理解成功，尊重并鼓励年轻人选择最适合自己的成功道路，以便发挥他们各自的特长，实现他们各自的价值——这才是对待成功的正确态度。

在多元化成功的视角下，衡量成功的标准有很多种——可以是一个人的地位和财富，也可以是一个人的创造力和影响力；可以是一个人对他人的帮助或贡献，也可以是一个人在自身基础上的提高和超越……但无论对于哪一种类型的成功来说，最根本的衡量标准都应该是：

该行为是否对社会、对他人或对自己有益，是否能让一个人在自主选择的过程中，不断超越自己，并由此获得最大的快乐。

两个女人的不同轨迹

□ 毛志成

毛志成 1940 年生于北京。当代作家。首都师范大学中文系教授。著有长篇小说《琼楼隐事》、《女大学生梦幻曲》等，中短篇小说集《前夫》、《乌纱巷春秋》，随笔集《昔日的灵魂》、《学会沉默》，学术专著《文学智能品质论》等。

这两个女人，当年都是我当中学教师时的学生，而且在一个班。

她们是一对孪生姐妹。

后来她们当中的姐姐考取了师范学校，妹妹高中毕业后考取了大学。姐姐毕业后当了小学教师，妹妹毕业后当了行政干部。如今，她们都是 40 多岁的人了。

起初姐姐只是小学教师，妹妹却成了官场人物。姐姐老实，不但安于当小学教师，关心学生，整日里给学生讲的是爱国、爱人民、坚持正义、同情不幸者等大道理，而且其行其言都发自由衷。对妹妹的官场生涯，她一有机会就提醒，就批评。见妹妹官越做越大时，批评的次数、语气也就越来越多，越来越重。后来，两人疏远了，到了互不往来的地步。

姐姐的提醒、批评确实有理，也有据，妹妹终于因为腐败最终被免了职，被判了刑，刑期 4 年。姐姐终究还是探望了妹妹，并掉下了很有亲情的泪。当然，也不免叹息地说："做人就要做个好人，做官就要做个清官。我劝

如果你希望成功，当以恒心为良友，以经验为参谋，以当心为兄弟，以希望为哨兵。

——[美]爱迪生

你多少次了，可你偏偏没往心里去。"

当小学教师的姐姐由于敬业和成绩突出，也步步升职。由教师升为校长，由校长升为教育局长，由教育局长升为副县长、县长，最后又升为市级某"教育产业集团"的董事长。

妹妹由于在狱中表现好，悔罪真诚并有立功表现，提前一年半释放出狱了。出狱之后，她一时找不到工作。姐姐毕竟对妹妹有血缘之亲，一次次给妹妹安排了上好的工作，可是妹妹都拒绝了。她老老实实地说："我很了解我自己，一无德二无才。眼下，只有我的悔过之心是个优点。你给我安排任何使我不称职的工作，都是对我的一种精神压迫。我想好了，我只能去自己创业，先开个小卖部，为本社区的人服务。"

姐姐认为那是丢人，于是左劝右劝，并说凭她的人际关系，找什么像样的工作都不在话下。妹妹心里一愣，看了看姐姐，心想：姐姐原来不是这样的人，比正直还正直，今天怎么干起走后门的事了？妹妹刚说些像大道理的话，姐姐便不耐烦地走了，临走还低声说了句："不识抬举。"

不足两年，妹妹创业有了小成绩，由开小卖部渐渐办起了小公司。就在这时，她听到了一个使她既惊讶又奇怪的消息：姐姐涉嫌腐败，被"双规"了。

这两个人的"人生轨迹"，引起了我的深思。

我曾问过那个当初腐败、随之判刑入狱，获释后由衷忏悔的妹妹："你当年当过官，有过权势，如今成了平民式的人，后悔吗？"

她说："非但不后悔，而且庆幸。假如有人允许我重新飞黄腾达，我绝对认为那是再一次把我逼成愚蠢家伙！"

我问："你为什么有了这种认识？"

她说："这就叫当初不识庐山真面目，今日已跳出庐山中。"

她细细地解释给我听。她说："那时，我有过权，有过钱，自以为很有福气。但在狱中反反复复地回想，发现当初我并无什么真正的快乐。为争权去累，为逞势去累，为对付上司、同僚、下属去累，心里一天也没有轻松过，更没有真正愉快过！等于从来没有像人一样活过！权势算什么？金钱算什么？若是用不好，都等于是天天捆绑在我身上的绳子，是套在我身上的枷锁。这样活下去，我活得多蠢！我姐姐恰恰相反，当初她只顾清高，只顾敬

业,从来就没有尝过权势、财富、奢华生活的甜头。一旦真真切切地尝几口,她也会很难罢手。我是真的尝过了,尝多了,尝腻了,事后才知道那不是什么好滋味,很像喝酒喝多了,喝过了量,呕吐出来的秽物就是这种味道! 当个平平淡淡的人,那才是福气。"

我确实相信她说的话是发自内心的。

也真巧,我去探望那位姐姐时,她流着泪说出的话与妹妹说的话大同小异。她说:"我后悔透了,痛苦透了,当个平常人多好! 细想起来,当初我当平平常常的小学教师时,天天跟我那些可爱的学生在一起,愉快极了。自从我有权有势有钱之后,就不再将权和钱那种东西看成粪土,反倒像醉人的美食美酒。现在尝到粪土的滋味了,可是已经晚了!"

这两个人的命运,初看上去确实有区别。姐姐曾是对官场的冷淡者,对名利的轻视者;妹妹曾是对权势的陶醉者,对财富的贪婪者。按理说,两个人都会坚持走老路,惯性地一直走下去。没想到,两者后来偏偏都向相反的方向走去。这真是:曾经明白的人后来糊涂了,而曾经糊涂的人后来却明白了。为此,我深思良久。看来,在"功利时代"的大环境、大风向下,应该如何处世,这样的问题人人都应该面对。而如何面对,才是最关键的。

两个人为什么在没接触到权势和金钱,或告别了权势和金钱的时候,都反感于某些秽物的难闻气味,而刚刚接触或正在品尝那些秽物的时候却觉得很爽鼻,很可口? 只因为谋私的人常常失去了正常的嗅觉和味觉。

人若是在正常的时候就嗅觉正常、味觉正常,多好!

与你共享

经验显示，成功多因于赤忱，而少出于能力。胜利者就是把自己的身体和灵魂都献给工作的人。

——[英]查尔斯·巴克斯顿

成功的真谛

□ 周国平

周国平 1945 年生于上海。中国社会科学院哲学研究所研究员。著有学术专著《尼采：在世纪的转折点上》、《尼采与形而上学》，随感集《人与永恒》，诗集《忧伤的情欲》，散文集《守望的距离》，纪实作品《妞妞：一个父亲的札记》，自传《岁月与性情》等。其大量作品以哲理性思辨为主，是当代颇具影响力的学者、作家。

在通常意义上，成功指一个人凭自己的能力作出了一番成就，并且这成就获得了社会的承认。成功的标志，说穿了，无非是名声、地位和金钱。这个意义上的成功当然也是好东西。世上有人淡泊于名利，但没有人会愿意自己彻底穷困潦倒，成为实际生活中的失败者，歌德曾说："勋章和头衔能使人在倾轧中免遭挨打。"据我的体会，一个人即使相当超脱，某种程度的成功也仍然是好事，对于超脱不但无害反而有所助益。当你在广泛的范围里得到了社会的承认，你就更不必在乎在你所隶属的小环境里的遭遇了。众所周知，小环境里往往充满短兵相接的琐屑的利益之争，而你因为你的成功便仿佛站在了天地比较开阔的高处，可以俯视从而以此方式摆脱这类渺小的斗争。

但是，这样的俯视毕竟还是站得比较低的，只不过是恃大利而弃小利

罢了,仍未脱利益的计算。真正站得高的人应该能够站到世间一切成功的上方俯视成功本身。一个人能否作出被社会承认的成就,并不完全取决于才能,起作用的还有环境和机遇等外部因素,有时候这些外部因素甚至起决定性作用。单凭这一点,就有理由不以成败论英雄。我曾经在边远省份的一个小县城生活了将近十年,如果不是大环境发生变化,也许会在那里"埋没"终生。我常自问,倘真如此,我便比现在的我差许多吗?我不相信。当然,我肯定不会有现在的所谓成就和名声,但只要我精神上足够富有,我就一定会以另一种方式收获自己的果实。成功是一个社会概念,一个直接面对上帝和自己的人是不会太看重它的。

我的意思是说,成功不是衡量人生价值的最高标准,比成功更重要的是,一个人要拥有内在的丰富,有自己的真性情和真兴趣,有自己真正喜欢做的事。只要你有自己真正喜欢做的事,你就在任何情况下都会感到充实和踏实。那些仅仅追求外在成功的人实际上是没有自己真正喜欢做的事的,他们真正喜欢的只是名利,一旦在名利场上受挫,内在的空虚就暴露无遗。照我的理解,把自己真正喜欢做的事做好,尽量做得完美,让自己满意,这才是成功的真谛,如此感到的喜悦才是不掺杂功利考虑的纯粹的成功之喜悦。当一个母亲生育了一个可爱的小生命,一个诗人写出了一首美妙的诗,所感觉到的就是这种纯粹的喜悦。当然,这个意义上的成功已经超越社会的评价,而人生最珍贵的价值和最美好的享受恰恰就寓于这样的成功之中。

成 功

□[美]爱默生

爱默生（1803~1882） 美国散文家、思想家、诗人。1837 年他以《论美国学者》为题发表了一篇著名的演讲词，被誉为美国思想文化领域的"独立宣言"。文学批评家劳伦斯·布尔在《爱默生传》里说，爱默生与他的学说，是美国最重要的世俗宗教。

一

本杰明博士帮助费城市民安全地度过了 1793 年的黄病热；勒威耶实践了哥白尼的天文学理论，推算出了行星的具体位置；还有一些杰出的妇女们为军队建立起了医院和学校。总之，我们美国有数不尽的人才在竭力地为人类谋取福利。

我们应当对他们心存感谢与敬意，他们中的每一个人都为我们指引着前行的方向。正是这样一群杰出的人物，为人类的文明镀上了一层辉煌。

关于成功，存在着不同的衡量标准。与其他的民族相比，我们民族的价值观，包括对财富和成功的定义要高明一些。人类思维活跃，往往不会满足于现状。撒克逊人从幼儿时代便被教诲，凡事都要争取第一；挪威人则是永远不会停下步伐的骑手、战士和自由主义者。从一首古代挪威歌谣

当中我们便可以知道,这是一个执著地追求成功、永不知疲惫的民族:

> 成功是最高的,
> 成功是最好的;
> 成功就在你的手中,
> 成功就在你的脚下;
> 成功就是与好人竞争、同坏人作斗争。
> 亲爱的上帝啊,
> 他们永远不会闭上眼睛,
> 看啊,看啊,成功就在眼前!

二

我憎恨那些浅薄之徒,他们或者希望通过借贷的手段变成富翁,或者梦想通过研究颅相学而拥有经济学家的头脑;或者奢望不认真求学也能够成为智者,不做学徒也可以成为师傅;或者弄虚作假向人兜售货物;或者贿赂官员以争取选票。他们扬扬自得地以为这便是所谓的成功,然而实际上,他们却是在走上一条犯罪的道路。他们的所作所为,无异于在自杀,是在堕落和毁灭人类。我们常常自我炫耀,渴望一夜之间的成功,却忽视了那些真正重要和优秀的东西。

米开朗琪罗曾经这样评价自己说:"当我发现所有对于上帝的美好寄托都是虚幻的时候,我才开始认识到,其实世界上的一切希望都应在于我们自己。只有寄希望于自己,才是最为可靠和安全的。"尽管我无法确信所有读者都会同意我的看法,但是我猜想大多数人都会认可我关于成功的第一规则——我们应该放弃自我吹嘘,接受米开朗琪罗的教诲——"自信是最有价值、最值得信赖的"。

我们每个人都具有某种与生俱来的才能,因此我们应当好好去利用它。尽管人们不太可能亲自去做所有的事情,比如自己建造房屋,自己锻造锤子,自己烘烤面包,但是我认为,一个人至少应该尽力去做力所能及的事情。

可惜我们常常不相信自己，喜欢引用别人的话语，笃信古老、权威的事物，乐于引入外族的宗教和法律。我们的法官们往往不敢直面出现的新问题，而是宁愿花费几个月甚至几年的时间去寻找能够参照的先例。我们就是这样放弃独立思考的机会和职责的。所以，我们没有能力去执行自己的计划，也不知道如何去执行，因为我们无法从自己的鞋底掸去欧洲或亚洲的尘土。这个世界似乎生来就是旧的，整个社会都在倾听，每一个人都是效仿者。

三

自信是成功的第一秘诀。你应该相信，大自然之所以安排了你的存在，是因为她要赋予你某个神圣的使命，所以你应当努力工作，争取成功。但这绝不是在唆使你去急于求成，获得那些看似耀眼、哗众取宠的成绩，而是希望你能够勤奋工作，朝着正确的方向发展。

善于去细心地观察生活是成功的第二个秘诀。人与人之间之所以存在着智力上的高下之分，不过是因为人们对于事物的敏感程度不同罢了，或者说是对细微、很细微，甚至极其细微的事物的鉴赏力不同而已。当学者或作家为一种思想、一首诗歌绞尽脑汁的时候，他应该走进大自然的怀抱里去。在那儿，他会发现在他们的文学或思想领域里从来没有过的事物。他会发现，孩童那清脆的哨声抑或枝头上麻雀的鸣叫，就是一首美妙无比的诗歌。

我们要懂得去与世界进行交流，要懂得去总结大自然变化的一般趋势和规律。假如我们在学习的过程中遵循这些启示，就会发现，知识不仅仅是那些新的定理，那种呆板而有逻辑的表达式，还包括细心的观察、智慧、道德敏感度以及正确的思想。

人与人之间的差异即在于感知力的不同。亚里士多德、培根、康德的至理名言是哲学中的精华，可是，他们总结出的这些伟大的箴言，其实是每一个人都有过的体验，只不过他们敏锐地感知到了这些道理。

假如你希望成为某个团体中的领导者，那么你就需要始终对生活保持着一种敏锐的洞察力以及乐观的心态，去实现一种真正意义上的生活，不

是一味地去索取，而是容易知足、精神放松、志存高远。

真正的成功还有一个特征。聪明之人往往会选择正确的、先进的和确定的事物。假设这世上有许多的莎士比亚、荷马和耶稣，那么他们当中必定不会是所有人都能够获得成功。可是我们必须要相信，真诚和友善是成功不可或缺的条件。一个人生活在这个世界上，他拥有何种理论并不重要，重要的是，他能够为人类贡献出怎样的财富，或者说，他是如何度过自己的一生的。一个人，只有当他为别人带来快乐的时候，他才可以被称为一个真正意义上的人。

四

令我担心的是，大众对于成功的理解与真正的、健康的成功观念常常是背道而驰的。一个是针对世俗看法，另一个是个人见解；一个看中名望，另一个恬静淡泊；一个渴望聚敛财富，另一个致力于奉献爱心；一个独断专行，另一个热情好客。

不要在你的房间里挂上令人心情沮丧的图画，不要在你的交谈中流露出忧伤与颓丧，不要愤世嫉俗，不要自怨自艾，不要只知叹气。让那些不愉快都离你远去吧，鼓起勇气，打起精神，不要把宝贵的时间都浪费在沮丧之中。不要让自己沉溺在那些不愉快的往事里面难以自拔，你应该将眼光投向未来以及那些美好的事物。当你有机会发表言论的时候，你应该停止自己的满腹牢骚与不满，因为，对所有事情都斤斤计较与你而言是没有任何益处的。我们应该相信：上帝赐予我们礼物，希望总在我们的身旁。

人生的路途往往崎岖坎坷，因此我们需要爱的呵护。爱就是乐观，就是积极向上。爱越多，人与人之间的相互理解就越能够获得增进。爱能够给予我们力量和信心，能够为我们指引出前行的方向。保持头脑的清醒，树立良好的价值观，培养正确的感知力与判断力，丢掉那些不良的习惯，这才是我们应当追求的目标。

一个对现实极度不满的人，仅用一句话就可以让周围的人感到无比沮丧和寒心。即便是一个最乐观的人，也很容易失去对世界的信心。生活和事业上的失意者，往往是那些只会注视着痛苦事情的人们。在他们的面前,希望和勇气会感到窒息。他们总是迈着沉重的步伐,带着一颗老迈的心返回家园。他们总是向人们暗示着自己的失意和可怜,他们总是以讽刺的口吻、怀疑的心态来面对人生。而这一切,只会使他们那原本就微薄的希望变得更加渺小,只会使他们那原本就缓慢的步伐变得更加迟缓,从而离成功越来越远。我们应该去学习那些圣人的所为,给人们以力量和希望,将冰冷的煤炭变为带给人们温暖的火焰;当我们遭遇失败的时候,应该用先进的思想,用崭新的行动去迎接成功的到来。

人生成功的因素

□ 冯友兰

冯友兰(1895~1990)　字芝生,河南唐河人。现当代哲学家、哲学史家。20世纪30年代编著《中国哲学史》两卷本,确定其作为中国哲学史学科主要奠基人的地位。抗战期间连续撰写出版了"贞元六书",创立了新理学思想体系,成为中国当时影响最大的哲学家。

三种因素——才、力、命

在人生成功的过程中,须具有三种因素,这三种因素配合起来,然后才可以成功。

(一)天才:我们人生出来就有愚笨聪明的不同,而且一个人生出来不

是白痴的话,一定会在一方面相当聪明,而这种生出来就具有的愚笨聪明,无论什么教育家以及教育制度也不能使之改变,换句话说,教育功用只能使天赋的才能充分地发展,而不能在天赋的才能之外使之成功,这正如园艺家种植种子只能使所种的种子充分发展,而不能在这种子充分发展之外使之增加。

(二)努力:无论在哪一方面成功的人,都要努力。如果非常懒惰,而想成功的人,正如希望苹果落在自己嘴里一样不可能。

(三)命:这命不是一般迷信的命,是机会,也可以说是环境。如一个人有天赋才能,并且肯十分努力,但却仍需遇巧了机会,如果没有机会,虽然有天资,肯努力,也是"英雄无用武之地"了。提到机会环境,常会有人说我们可以创造环境,争取机会,这当然是不错的。不过,创造环境,争取机会,却包括在努力之中,而这里所说的机会,乃指一人之力所不能办到的而言。

以上所说的三种因素,可以自中国旧日术语用一个字来代表一下:天资可以用"才"字来代表;努力可以用"力"字代表;机会可以用"命"字代表。一个人要在某方面获得成功,必须有相当的才、力与命。一提到命,恐怕会有误解。因为谈到命的时候太多,例如街头算命摆卦摊的谈命,旅馆住的大哲学家谈命,而这里所提到的命,却与他们都不相同。在这里所提到的命,乃是中国儒家所谈之命,是与一般世俗所说的命不同的。

一般世俗所谈的命,是天定的,就是我们人在生前便定下了一生的吉凶祸福。看相算卦可能知道人的一生吉凶祸福,我从来就不相信。据我看,这些都是中古时代的迷信,无论是在哲学上或是在科学上都是不合理的。

孔子孟子所讲的命,并不是这个意思,儒家所讲的命,乃指人在一生之中所遭遇到的宇宙之事变,而且又非一人之力所奈何的。再重述一下,创造环境,争取机会是属于努力那方面。与这里的命无关,不用再多论。现在还是讨论"命"字,我们人在一生中总会遭遇到非一个人力量所能左右与改变的宇宙之事变。比如说,民国二十六年的事变直到三十四年,经过八年间的抗战,我们才获得最后的胜利。日本人来侵略我们,我们不得已起而抗战。这些非以一人之力所能改变的。更如现在世界战争虽然已经解决,然而仍有许多问题相继发生着。为什么我们生在这么个时代? 为什么不晚生若干年,生在未来的大同世界中? 此乃命。

以上才、力、命三者配合起来，三者都必要而不同具，也就是成功需要三者配合起来，没有时固不成，有了也不一定成。如同学考试加油开夜车，但也许考不及格。也就是不用功不能及格，而用功，也不一定及格。这道理就是在逻辑学上所谓：必要而不同具。有些人常说不靠命，那么他又在说创造环境争取机会了。不过我已重述过，那是属于"努力"方面的。

说起命来，我们活这么大而不曾死了，命就算相当的好。我们要知道人死的机会太多了，在母体中，也许小产未出世就死去，这个人能成功吗？幼童病死，有什么办法？我们经历了八年抗战，经过战争，轰炸以及流亡，如今仍能参加夏令营，我们的运气真好得了不得了。

成功的种类与配合成分

以下我们讨论三者配合是否应该相等，也就是三者成分是不是应该每份都是 33.3%。这回答却是不应相等，也不能相等，而是以成功的种类不同而每种成分各有不同。成功的种数不外有三：

一、学问方面：有所发明与创作，如大文学家、大艺术家、大科学家，等等。

二、事业方面：如大政治家、大军事家、大事业家，等等。

三、道德方面：在道德上成为完人，如古之所谓圣贤。

以上列举的三方面，以从前的话来讲，也就是立德、立功、立言三不朽。学问方面的成功是立言，事业的成功是立功，道德方面的成功是立德。除三种之外，也就没有其他的成功了。因为这三种成功的性质的不同，所以配合的成分也就有了多寡。大致说来，学问方面"才"占成分多；事业方面"命"占成分多；而道德方面则是"力"占成分多。

学问方面的成功

学问方面，天才成分占得多。有无发明与创作是不只以得多少分数，几年毕业所能达成的。而且，没有天才，就是怎么用功，也是无济于事。尤其艺术方面，更是如此。所谓"嗜有别常，诗有别才"。有些人致力于做诗，并十分努力，然而他做出诗来，尽管合乎平仄，可是不是诗，那么，他就是

没有诗的天资,但也许他在其他方面可以成功的。

事业方面的成功

事业方面,机会成分占得多。做学问,一人可以做到不需要别的人来帮助,而且做学问做到很高深的时候,别人也帮不上忙。孔子作《春秋》,他的弟子们都帮不上忙。李白杜甫做诗,也没有人能够给他们帮忙,我们更不能帮助那些科学家来发明。这大都需要他自己去做的。然而,在事业方面,并非一人之力所能达成:

(一)需要有许多人帮忙合作。如大政治家治政,大军事家用兵等。

(二)需要与别人竞争。如打仗有敌手,民主国家竞选总统,需要有对手。

总结一句话,还是事业方面成功,并非一人之力所能达成。如做一件事,需有多人帮忙,帮助他努力争取,同时,需要对手比他差,才能成功。有时他成,可是遇到的对手比他更成,那时只好失败;有时他不成,可是遇到的对手比他还不成,那时他也能成功。我们从历史上来看,例子很多。比如项羽能力大,偏偏遇到的对手刘邦比他还高明,所以他只好失败。我们看看《垓下歌》:"力拔山兮气盖世,时不利兮骓不逝,骓不逝兮可奈何,虞兮虞兮奈若何!""时不利兮",他毫无办法。有些庸才,偏偏成功,史册上很多,不胜枚举。

现在让我提一个故事,纪晓岚《阅微草堂笔记》有这么一段记载:有一个棋迷,有时赢,有时输。一天他遇到神仙,便问下棋有无必赢之法。神仙说是没有必赢之法,却有必不输之法。棋迷觉得能有必不输之法,倒也不错,便请教此法。神仙回答说:"不下棋,就必不输。"这个故事讲得很有道理。一切事,都是可以成功,可以失败,怕失败就不要做。自己棋高明,难免遇到比自己更高明的对手,则难免失败;自己棋臭,也许遇上比自己棋还臭,臭而不可闻的对手,这时便也可以成功,其他事业也是如此。

道德方面的成功

道德方面,努力成分占得多。只要努力,不需要天才,不需要机会,只要努力便能在道德方面成为完人。这是什么道理呢？也就是为圣为贤需如何？很简单，只有"尽伦"。所谓"伦"即是人与人的关系，从前有"五伦"：君臣、父子、夫妇、兄弟、朋友。现在不限定五伦。如君臣已随政体的变动而消失。不过人与人的关系却是永远存在。例如现在称同志，也是人与人关系的一种。为父有其为父应做之事，为子有其为子应做之事，应做的就是"道"。所谓君有君道，臣有臣道，父有父道，子有子道，也就是每个人都有他所应做的事。做到尽善尽美，就是"尽伦"。用君臣父子尽其道来比喻，名词虽旧，但意思并不旧。如果以新的话来讲，就是每个人应站在他的岗位上，做他应做的事。那么，为父的应站在为父的岗位上做为父应做的事，为子的应站在为子的岗位上做为子应做的事等。所以名词新旧没有什么关系，只要意思不旧即可。我们不能为名词所欺骗。有许多人喜欢新名词，听到旧名词君尽君道，臣尽臣道等，立刻表示不赞成。若有人以同样意思，改换新名词，拍案大声说："每个人应该站在他的岗位上，做他应做的事。"于是他便高高兴兴地表示赞成了。

道德方面的成功，并不需要做与众不同的事。而且，"才"可高可低，高可做大事，低可做小事，不论他才之高低，他只要在他的岗位上做到尽善尽美，就是圣贤。所以道德方面的成功，不一定要在社会上占什么高位置，正如唱戏好坏，并不以所扮角色的地位高低作转移。例如梅兰芳，并不需扮皇后，当丫鬟也是一样；再者，道德方面的成功也与所做的事的成功失败无关。道德行为与所做之事乃两回事。个人所做之事不影响道德行为的成功。如文天祥、史可法所做的事虽然完全失败，但他们道德行为的价值是完全成功的。更进一步来说，文天祥、史可法如果成功，固然是好，但所做的事成功，对他们道德行为价值并不增加，仍不过是忠臣；同时，他们失败，对他们道德行为价值也不减少，仍不失为忠臣。因此道德方面的成功不必要靠天才，也不必要靠机会，只看努力的程度如何：努力做便成功，不努力做便不成功。这种超越天才与机会的性质，我们称它为"自由"，是不限制的自由，并不是普通所说的自由。"人皆可以为尧舜"，就是这个意思。不过我们不能说："人皆可以为李杜"或"人皆可以为刘邦、唐太宗"。诸位于此，会发生两个误会：

（一）道德上成功与天才、机会无关，那么，不管自己天资如何，同时，

也不必认真做自己所做的事,只要自己道德行为做到好处就成了。不过这是错误的。一个人做事如文天祥、史可法做事,尽心尽力到十二分,虽则失败,亦不影响其道德方面的成功,但他们不尽心尽力,失败固非忠臣,成功也属侥幸,因为他们的"努力"程度影响了他们道德方面的成功。

(二)立德、立功、立言三者划分,实际上乃为讲解方便,其实立德非另外一事,因为立德是每个人做其应做之事,当然立言的人在立言之时,可以立德,立功的人在立功之时,也可以立德,每个人随时随地都可立德,所以教育家鼓励人最有把握就是"人人皆可以为尧舜",因此立德与立言、立功是分不开的。

成功是个相对值

□ 林 夕

林夕 女,大连人。当代作家,《读者》、《家庭》杂志签约作家。已出版作品有长篇小说《爱情不在服务区》、《暗箱》,散文集《上午的咖啡下午的茶》、《给生命一个出口》、《幸福的门槛》和《末班车总在绝望中到来》等。

我的一位商界朋友,曾是大学讲师,20 世纪 90 年代初下海经商,靠做计算机软件起家,现在是我们这个城市最大的软件生产商和代理商,个人资产早已过千万,迈入成功者行列。就在前不久,他的母校邀请他回校为毕业生作《成功之路》主题演讲。按说这是好事,国人一向讲究衣锦还乡,

对一个人来说,他的最大敌人就是他自己的成功。

——[英]丹尼尔

荣归故里。当年白手起家,如今功成名就,回校介绍自己的成功之道,创业之苦,于人于己,都不失为一件好事。但他却为此苦恼了几天。因为在他看来,自己并没有成功,虽然他现在的身价,不知令多少人羡慕,但距他的目标还差得很远!

"如果你的目标是比尔·盖茨,那你的确不能算是成功。"我戏谑道。

"那当然啦。做软件的,有几个不想成为比尔·盖茨呢!"他一本正经地说,不像是开玩笑。的确,生活在当今世界,知本时代——知识就是最大的资本,什么事情不能发生呢?

就在我们谈话后不久,那天,偶然翻看《商界》杂志,看到一篇国美电器老板黄光裕的专访。这位以 105 亿元人民币的身家荣登 2004 年胡润财富榜首、年仅 35 岁的中国首富,当记者问他如何看待自己的成功时,他说,他并不认为自己成功。虽然国美电器已经成为中国家电零售业的老大,掌控着国内家电三成以上的分销市场,但是与美国零售业巨头沃尔玛相比,就不算什么了,还有很远的路要走。

如果不是有前面那位商界朋友的谈话垫底,我简直要瞠目结舌了!尽管如此,我还是相当震惊。震惊之余,我认真思考两位商界老总的话。的确,如果把微软、沃尔玛这类世界 500 强企业设定为当下目标,那他们当然不能算成功。尽管在国人眼里,他们早已迈入成功者的行列。如果以他们现有的业绩作为参照,那我们这些凡夫俗子则都是失败者,甚至连失败都不是,因为根本就没有成功过。这么一想,不禁有点儿悲从中来,对自己的人生价值产生了相当的怀疑,一向乐观的我一连几天都乐观不起来。

但是,几天后偶然遇到的一件事,让我心情大变,对"成功"一词有了更深刻的理解。那是一个傍晚,我像往常一样,沿着小区附近的街道散步。回来时天色已黑,路上行人渐渐稀少。路过街道旁公用电话亭时,一位年轻人正在打电话。就听他对着话筒兴奋地道:"大哥,我成了!今天第一天上班,月薪 1200 元,比我原先想的还高 200 元呢!"

声音很大,一字不落地传到我的耳朵里,我不禁回头看了他一眼。也许是太兴奋了,他一边打电话,一边来回挥舞着手臂。那种兴高采烈、忘乎所以的样子,好像是在奥运会上得了冠军。我盯着他看了一会儿,忽然间明白了:成功不是一个完成式,而是进行式。它不是一个绝对值,而是相对

值——你实际拥有的与你期望拥有的，二者之间的比值，如果大于等于一，就算成功。就像上文所说的两位商界老总，尽管他们的个人资产相当可观，但由于他们对自身的期望值更大，二者比值小于一，因此，在他们自己看来，革命尚未成功，同志仍须努力；而那位刚刚找到工作、月薪1200元的小青年，由于他对自己的期望值较小，二者比值大于一，对他来说，这就是成功。所以忙着往家里打电话报喜。也许用不了多久，他的目标提升了，对自己的期望值增加了，对现状不再满足了，但至少在此时、在当下，他认为自己是成功的。这就够了。

钟 点 工

□ [美]托妮·默里森

托妮·默里森 女，1993年诺贝尔文学奖得主，也是世界上第一位获此殊荣的非裔美国女作家。著有长篇小说《最蓝的眼睛》、《所罗门之歌》、《宠儿》等。

我父亲是船坞厂的一名焊接工人，记忆中他一直是个勤奋而严谨的人，除了船坞厂，他还同时有三份兼职。他和母亲原来是阿拉巴马州的佃农，为找到更好的工作，才带着全家迁到北方的罗伦镇。罗伦镇是一个欧洲移民聚集的小城镇，墨西哥移民与南方黑人多半毗邻而居，绝大多数人都是贫苦的劳工。但父亲从来不准我们邋里邋遢地过日子。即使在经济大萧条时期，他也坚持给全家人买体面的衣服。

　　我在十二三岁的时候，为了赚零用钱，每天放学后都到一个阔太太家做钟点工。工作进行得很不顺利，因为我根本不知道怎么干。女主人家的地板要用特殊的木油精清洗然后打蜡；不同材质的家具又各有一套清洁剂和上光剂，很多名字我听都没听说过；洗衣服的时候就更麻烦了，什么不能熨，什么不能拧干……这些都是普通蓝领工人家里没有的规矩。

　　虽然要求繁多，我的工钱却很低。好几次，我都想辞了这份钟点工，但镇上没有人会雇用一个十二三岁的黑人小姑娘，丢了这份工作，我就没有任何收入了，对我来说每周那几个铜板是多么珍贵啊。

　　有一天，我实在忍不住向父亲抱怨起来："这个工作又累又寒碜，工钱少得可怜，最糟糕的是琼斯太太总在挑我的毛病。听说她家隔几天就换一个钟点工，因为没有人能干长久，我也快受不了了。"爸爸放下手里的活，很平静地说："你不住在琼斯家，你住在这儿。"看我没听明白，他又接着说，"你每天做工的时间只不过占你生活的一小部分。你不是'擦地板'，不是'洗衣服'，你是你自己。琼斯太太批评的是你'擦地板'和'洗衣服'的方式，而不是你本人。"

　　"如果你不想做下去就去辞工，"爸爸双手扶住我的肩膀，我甚至能感到他手掌上的老茧，"但是如果你想做下去，孩子，你就要好好干。决定工作做得好与坏的人是你，而不应该让好工作或者坏工作来左右你。记住，你把工作干得漂漂亮亮不是为了琼斯太太，而是为了你自己。"

　　这话绝不只是大道理，父亲本人就非常敬业。我记得他下班后常常会自豪地告诉我们，他今天又焊了一条完美的接缝，还把自己名字的缩写刻在了接缝旁边。有一次我问他："谁会看到那几个字母，并且想到它们是您名字的缩写呢？船坞厂有那么多焊接工，谁知道那条接缝是您焊的呢？"父亲回答："没人会看到，可我知道那是我的产品。"

　　第二天我又做起了钟点工。但在我眼里，琼斯太太不再是一个苛刻的雇主，而是一个能让我把工作干得更好的指导老师。每次她找出什么毛病，我都愉快地接受，因为我明白这些批评不是针对我本人的。渐渐地，女主人对我的态度越来越好，我也学会了很多东西。虽然别人都觉得不可思议，但我在琼斯家整整干了一年半，直到毕业后才离开——这都是父亲的功劳。

成功不是衡量人生价值的最高标准，比成功更重要的是，一个人要拥有内在的丰富，有自己的真性情和真兴趣，有自己真正喜欢做的事。只要你有自己真正喜欢做的事，你就在任何情况下都会感到充实和踏实。

第五辑
你离挨饿只有三天

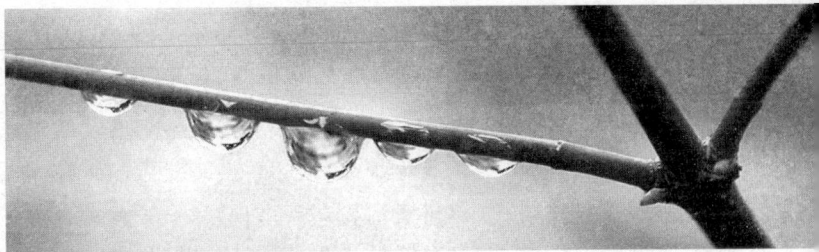

　　升学、就业、考研、留学、跳槽、创业都是青年的人生选择，并无一个规则。问题是：它是否能使你获得幸福的生活，实现人生的终极价值？要想成功，实现人生梦想，就应先就业，也就是靠什么谋生，解决温饱；有了职业，通过稳定收入，拥有安全感；最后才是成就事业，实现人生最大价值。

　　伟大出于平凡，辉煌也来自卑微。微软离破产永远只有半年，你离挨饿或许只有三天。以获得"就业"为最低纲领来设计自己的人生，首先要生存下来，才能更好地追求其他梦想。

你离挨饿只有三天

□ 徐小平

徐小平 1965 年生,江苏泰兴人。著名留学、签证、职业规划和人生发展咨询专家,现任新东方教育科技集团董事、新东方文化发展研究院院长,是新东方留学、签证与出国咨询事业的创始人。主要作品有《美国签证哲学》、《美国留学天问》、《图穷对话录——我的新东方人生咨询》、《黄金是怎样炼成的——对一个成功者的赏析与非议》等。

靠自己的劳动赢得生存就是成功

难以找到工作的青年,一般有三种情况:一是缺少求职技巧的人;二是缺乏就业竞争力的人;第三种人我觉得最糟糕——他们认为"仅为生存工作是可耻的",认为"大学生去当家政,扫厕所,去卖肉……是丢人的行为"。这种丢人的感觉,恰恰是最丢人的!

伟大出于平凡,辉煌也来自卑微。微软离破产永远只有半年,你离挨饿或许只有三天。首先要生存下来,才能更好地追求其他梦想。

我有个亲戚,大学刚毕业,去搬电脑,我说祝贺你了,就从搬运工做起。哪个旅馆的总裁不是从端盘子、打扫房间开始的?沃尔玛的创始人,就从一个小杂货店起家;美国著名影星史泰龙、施瓦辛格,在成名之前都曾做过裸体模特;李嘉诚14岁就肩负起了养家糊口的重大责任,天天琢磨下一顿吃什么……当年我这个北大教师,一心想成为音乐家或者哲学家,但到了美国,也感到生存的艰难。我洗碗扫地,给必胜客送外卖,就差流浪街头了。把滚烫的比萨在没有变冷变硬之前送到客户手上,成了我唯一的艺术追求——同事笑我:送个比萨也这么激情!可是我感到自豪,激情不是浮躁,不是幻想,激情是执著当下,全身心投入,激情是做好眼前事的一种素质。

我承认浮躁是一种时代的必然。有同样教育背景的人,有人月薪几万元人民币,有人1000元人民币,人心不可能不浮躁。但是,你必须把手头的工作做好,才可能真正进入一个成功者的境界。所谓成功者,并不单纯指百万富翁,也包括那些完美地完成一件工作,进而完成每件工作的人。

骑驴找马的人,也不该虐待驴

任何人都必须有敬业精神,能把小事干好的人,成功的概率更大。永远不要抱怨工作有多么无聊、渺小,只要开始工作,就有改进、提升和扩充自己的机会。譬如背英语单词,一天背1000个单词,你肯定背不下来,会精神崩溃,但如果一天背几十个单词,就能轻松做到,以少积多。反过来,假如你一开始就想做比尔·盖茨,学哲学的一上来就想超过黑格尔,忽略手头的工作,最终可能会一事无成。可以骑驴找马,但不要虐待那头驴。要么放弃这头驴,既然要了,你就要把它当成自己的旅伴和爱人,认真对待。再说说扫厕所,你能把你负责的厕所弄得干净明亮,卫生清洁标准也比以前提升一个星甚至两个星,就意味着职位的提升和薪水的增加。新东方发展早期,俞敏洪从讲台到灶台,从教室到厕所,什么都管。他还曾发明一个"熏醋疗法",驱除了厕所里面难以驱除的异味儿,至今"俞敏洪会扫厕所"还在被新东方的元老们传诵。新东方还有一个出名的"扫地王"张少云。他来自贫穷的农村,在新东方实用英语学院读了两年非正式的大专英语,毕业后就在新东方看教室,打扫卫生,但他发誓:"扫地也一定要扫出出息来,扫出前途来!"他一边干好本职工作,一边确定了在新东方教书的目标。他在家里挂了一个小黑板,模拟课堂,一遍一遍地讲,一遍一遍地写,坚持了一年多。到了2002年初,他把这小黑板带到新东方大楼,直接给招

聘主管老师模拟讲课，一举成功。现在,张少云已经成为新东方学校最优秀的讲师之一。

不管做什么工作，一个人的工作做到别人没法替代的程度，就算成功。这种骑驴的态度,这种认真精神和敬业精神,才会感动上帝,也是个人能得到最大发展的直接原因。

要抛弃"普洛克路斯忒斯之床"

我在新书《邮箱里的灯光》(《骑驴找马》修订版)里提出一个重要的思想:如果简单地以学历为准绳设计未来,人生的路就变得很窄;如果用市场需求来考虑、来测量自己,机会就会很多。这个思想,是针对中国社会依然盲目地追求高学历、追求留学、追求名校的风气而提出的。

我在书中讲了一则希腊神话故事"普洛克路斯忒斯之床",恶魔普洛克路斯忒斯有一张床,他守在路口,见到行人就把他们抓来放在床上量一量,太长就用斧子砍去脚,短了就拉长,以便符合床的标准。结果被他丈量过的人,没有一个不是一命呜呼的。

为了符合社会公认的许多"神圣"但已经过时的人才标准,很多人也宁可把自己拉长或锯短。比如英语学习者,不把能否进行英语交流当做标准,而把四级六级当做标准。事实是,成功并没有公式化的标准和模式。设想一下,假如姚明的父母是个学历迷,强迫他学士、硕士、博士读到底才打职业篮球的话,相当于要他接受"普洛克路斯忒斯之床"的标准,那么今天就没有 NBA 的姚明了。

学历崇拜,出国崇拜,是坑害中国青年的一张普洛克路斯忒斯之床。这张床,威胁着当代中国青年奋斗的命运。以学位为中心来奋斗,是学位集体无意识,拿到学位未必得到前途;以就业资格为中心,是市场人才新规则,得到资格就可以获得工作,从而迈出成功第一步!

黑夜给了我们黑色的眼睛,我们要用它来寻找黄金

不管从事什么,要用敏锐的眼光,打开所有的神经天线,像捕捉爱人

的眼神那样,捕捉那些与你的工作相关、但暂时还没有被商业化的需求,"就业"后"拓业",更易获得成功。

我在 1996 年刚回新东方时,完全为了赚钱谋生,根本没有什么神圣的使命。但在出国咨询的过程中,我发现很多人盲目行动,根本不考虑自身条件,更不考虑出国后到底做什么,反正就是为了出国而出国。在对他们的人以及奋斗目标的拷问、反问中,我发现了一种新的咨询需求——这就是人生设计。后来我在新东方相继提出"留学申请的艺术"和"美国签证哲学",都是在咨询过程中发现问题、解决问题,最后成为新东方的品牌成分的。

有个学生曾到新东方咨询,他是地理专业毕业的,在北京找不到工作,特别着急,家里又穷,就想出国作最后一搏。我给劝住了,让他先就业。后来他受新东方成功的启示,想到教育贫瘠的贵阳老家也有英语培训的需求,就回去创业了。五年过去,他的事业蓬勃发展,已经成为当地赫赫有名的创业者。

中国的人才不是过多,而是过少。辉煌的故宫藏画艺术,被台湾公司开发出商业价值,他们利用日本超级仿真古画复制技术,生产高价成品,再向大陆推销。中国这样的市场空白增长点并不少,就等着人才开发。我常常戏言:"黑夜给了我们黑色的眼睛,我们就要用它来寻找黄金。"中国职业场上的"黄金"到处都有,就看你怎么开掘。

智慧建议

留学、升本、考研、就业都是青年的人生选择,并无一个规则。问题是:它是否能使你们获得幸福的生活,实现人生的终极价值? 我在《邮箱里的灯光》里提出了重要的"三业"理论:成功无非就是就业、职业和事业。先要就业,也就是靠什么谋生,解决温饱;再要职业,通过稳定收入,拥有安全感;最后才是成就事业,实现人生最大价值。我呼吁我们的读者和学生,通过独立思考,打破精神枷锁,冲破思想牢笼,确定奋斗目标,以获得"就业"为最低奋斗纲领来设计自己的人生,追求个人的成功。

第五辑　你离挨饿只有三天

111

联想需要怎样的人

□ 柳传志

柳传志 江苏镇江人。联想集团有限公司董事局主席、联想投资有限公司董事长，中华全国工商业联合会副主席，曾被美国《财富》杂志评选为"亚洲最佳商业人士"，被美国《商业周刊》评选为"亚洲之星"。2000 年 6 月联想集团被《商业周刊》评选为"全球最佳科技企业"第八名。

"立意高远，才可能制定出战略，才可能一步步地按照你的立意去做。"我们这个年龄的人，大学毕业正赶上"文化大革命"，有精力不知道干什么好，想做什么，都做不了，心里非常愤懑。

创业之前，我在中国科学院计算所外部设备研究室做了 13 年磁记录电路的研究。虽然也连续得过好几个奖，但做完以后，却什么用都没有，一点价值都没找到。只是到 1980 年，我们做了一个双密度磁带记录器，送到陕西省一个飞机试飞研究所，用了起来。我们心里特别高兴。但就在这个时候，我们开始接触国外的东西，发现自己所做的东西，和国外差得太远。这使得我坚决地想跳出来。

联想成功的原因

1984 年，中国科学院给了我 20 万元作为投资，我带了 10 个人就开办了这家联想公司。这年，我正好 40 岁。

当时我们有两方面的困难。一方面是没有钱。我们 20 万元资金才领到手不到两个月就被别人骗去了 14 万；另一方面我们都是一群书呆子，既不懂市场也不懂管理。后来我们给人家讲课，维修做服务工作，做了一年挣了 90 万元。这时候我们给自己确定了一条叫做"贸工技"的发展路线，就是先学会做贸易。我们给 IBM、AST 做 PC 机的代理，给 HP 做激光打印机的代理，给 TOSHIBA 做笔记本电脑的代理等，通过做代理我们学会了解市场，学会企业管理，通过做代理我们积累了资金。

基本上学会做代理以后，我们才开发出自己的品牌，联想品牌的产品，有我们自己的设计和生产，这就是"工"和"技"。

这条道路相对比较稳健，如果我一开始就将仅有的一点资金投到技术开发，当时又没有风险投资，我得不到后续资金的支持，当时也完全不懂开拓市场，也完全不懂如何销售，企业会走上死路的。所以这条"贸工技"的路线对我们当时的情况来讲应该是很正确的。

再举一个例子。我们还制定一条战略路线，就是近几年内我们把主要精力放在中国市场，而不急于进入国际市场。

之所以得出这个结论，是目前我们和外国企业相比优势全是由于在本土市场得到的，而到海外我们目前不具备形成品牌和外国著名品牌竞争的实力。

上面两个例子说明，学会制定战略树立更高的目标追求，是我们得以提高的重要原因。如果说我们学会的第一件事是制定战略的话，第二件事就是学会带队伍。

有很多公司，能够制定战略，但就是实现不了。中国有句古语叫做"知易行难"。能制定战略就相当于"知"，知道应该怎么做，但为什么做不到呢？

这主要是因为"带队伍"没做好。

联想在带队伍方面是做得较好的。我们对员工，尤其是对骨干员工有很好的激励方式。激励分两方面，一是物质激励，二是精神激励。

凭什么吸引年轻人到联想来工作呢？我想大概有以下几个方面：

第一是物质保证。物质和精神两个都需要，但是我们历来认为物质是第一位的。联想的薪酬包括了四个方面：一是薪金，二是奖金，三是福利，

四是认股权证。

联想的薪酬体系采用国外通用的 CRG 方式,我们强调公平、公正和公开。奖金基本上是三种情况:一个是集团的效益,一个是你这个部门的效益,一个是你个人的表现。

还有就是福利。福利是标准的社会福利,如保险、住房公积金等,只不过我们是按取高不取低。什么叫取高呢? 如住房公积金,国家规定每个人要把他工资的 4%~8%存起来作为住房基金,联想就存 8%。你个人出 8%,公司再给你出 8%。

我要特别介绍的是我们的骨干员工有股份,是公司的股东。我们有一个员工持股会,员工持股会有 35%的股份。我在前面作过介绍,1984 年我开办公司时科学院投了 20 万元钱,所以中国科学院代表国家有联想 100%的股份,员工本来是没有股份的。后来我们和股东共同努力,花了 8 年时间才实现了股份制改造,使得创业者和骨干员工有了 35%的股份。虽然这在美国是件再普通不过的事情了,然而在中国是件非常了不起的事。我在中国作演讲的时候,中国的企业家,尤其是国有企业的管理者最爱听的就是这件事。这对我们创业者和公司的骨干员工有极大的激励作用。

让我们联想员工感到自豪的第二点,是联想现在有一个很好的、很规范的管理基础。大家毕业以后,到任何一个单位去,不管是中国企业,或者是外国企业,谁都不愿意到一个乱糟糟的没有任何管理规范的企业做。

也许大家会说,这两个优势,一个就是待遇薪酬的优势,一个是企业管理规范的优势,外企都有,那你们比外企到底有什么强的地方?我们还有比外企强的地方,就是能提供一个舞台,让表演者充分地展示自己。对于有能力想更大发展的人,舞台特别重要。联想的领导方式是由指令型转为指导型,再逐渐地转为开明型。指令型领导就是我说什么你照着做就是了;指导型就是把指导思想告诉下级,然后建议你怎么做,我们俩商量,最后定下来;开明型就是跟下属一起讨论指导思想是什么,再往下由他来办,我来听意见,这就是我们的一种工作方式。我们强调的是人人成为发动机,让每个人都能不断地运动起来,这样,企业就会焕发出非常大的活力。

还有一条就是我们的企业文化。联想的企业文化核心是"把员工的个人追求融入企业的长远发展"。这样的企业文化还是不是以人为本呢？当然是。因为企业的目标就是根据大家的目标最后制定的，我们要办成长期的、有规模的公司，我们要进入世界500强，这就代表着企业员工最根本的利益；其次，员工本身要服从这个组织，不能够由于有自己的特殊性，来破坏这个目标，不能违反联想的天条，也不能为自己去谋私利、去贪污。联想是个股份制的公司，员工有股份，这个决定了联想员工本身和企业的目标是一体的，这也是我们的一个优势。

联想需要什么样的人

联想需要什么样的人？把人培养到战略策划这个层次，他们应该具备什么条件？我认为大概有三点：

第一就是做人要正。因为你作为一个部门的领导人，相当于一个阿拉伯数字"1"。他带一个零就是10，带两个零就是100，带三个零就是1000，这个"1"极其关键，为人一定要正。

杨元庆就做得非常好。杨元庆这个人对别人要求非常严格，但是据我了解，他还真的没有被人怨恨过，关键问题是他非常正直，对谁都一样，这样，大家心情特别的舒畅。所以，第一关键是人正的问题。

第二就是要胸有大志，要有极强的进取心。在公司里面，有的时候会非常艰难，有的时候会受很大的委屈，有的时候甚至会受一些屈辱，要能承受这些就要有一个大的志向。有一次，我被我的一个客户给轰出来了，他指着名要我出去，当时我非常难堪，我回去以后心中很不舒服，但是回到家我就对自己说："我不跟你一般见识。"话是这么说，但是实际上就是要胸有大志。

第三是关于"才"的方面，我们希望这个人要善于学习和善于总结，这就是对员工其他方面的要求。其实这是最难的一点，因为企业发展到今天，行业的规律千变万化，你要保证不犯错误，还要保证有发展的话，光靠你自己是不行的，你要从别人身上吸取教训，你要从书本上看到的案例中吸取教训，你一定要有非常强的善于学习和善于总结的能力。不是所有的人都善于学习，有一部分人对自己看得过高，这样就会影响他的学习。

另外一点，在学习的时候，要善于总结。一件事情成功或者失败了之后，一定要把周围的间接条件分析清楚，到底是怎么回事，要把它总结明白，其实总结明白以后，那就是举一反三了，就是所谓的悟性。悟性是什么，悟性不就是举一反三吗？就是人家做一件事情，我们知道很多事情。

最后我还想强调一点，就是关于我们要一眼看到底的问题，即审时度势。你做高层领导人的时候，经常容易被过程掩盖住，一定要牢牢记住你做事的目的是什么。其实对目的的深刻了解就是一个创新的过程。举个例子，我在香港的时候，有一个咨询公司给我们做过一个游戏，五个人一组，他说你们五个人怎么才能以最快的速度摸到这个苹果？于是大家就研究怎么传得快……最后这个人说，大家把手一起伸过去不就最快了吗？所以对目的的深刻了解，是创新的主要源泉。创新无非是做事情的本身，要再进一步想它的目的是什么。做高层以后经常要注意反复去考虑这个目的是什么，所以我们公司每到一个季度有一次小结，半年有一个小结，每个子公司、每个部门，都要把今年明年的目标是什么、贡献是什么等先说明一下，然后再去做。善于学习，善于总结是很重要的。

总之，要想做一个成功的企业领导人是非常难的，你要做大事的话就得需要受这样的累。但是话说回来，也不见得所有的年轻人都一定要有这样的目标。大家毕业以后，肯定有很多道路可选，有的会出国深造，有的会到事业单位或者到国家机关做公务员，也可以去外企或者中国企业，还有的准备自己创业做老板，我觉得这些都是好路，条条道路通罗马嘛。

人们时常问我是否晓得成功的诀窍,能否告诉别人怎样使他们的梦想成为现实。我的回答是:身体力行。

——[美]迪斯尼

北大毕业等于零

□ 王文良

王文良 毕业于北京大学,北京大学 EMBA 客座教授,清华大学客座教授,北京经理人学院名誉院长,《中国经营报》企业诊断专家。曾担任全球最大的制冷剂生产企业——加拿大格林柯尔集团销售总监、美国第三大医药集团——阿兰斯医药集团中国首席顾问等职务。其著作《北大毕业等于零》轰动全国。

1992 年夏天的一个中午,我背着顶新的色拉油产品,从北京西单往菜市口方向行进。这一条路有 147 家餐馆,我决心用两天时间全部拜访完。每一天 74 家,每一家用 10 分钟,每天用十二三个小时,加上路上所用的时间,自己的体力应该能够支撑下来。

这一年的夏天,北京热得有点邪乎,天气预报是 36 摄氏度,但室外少说也有 40 摄氏度,比南方都热。我走进一家又一家的餐馆,这些餐馆刚开始都是笑脸相迎,他们以为我是去就餐的顾客。可当我开宗明义地说明来意,有些餐馆的服务员连老板都没让我见到就送客。

于是,我走一家总结一家,从介绍这种油对顾客身体有好处,到宣传这种油无烟、卫生、耐炸、省油,等等。见到老板,我重点介绍它省油;见到大厨,我重点介绍它卫生;既讲原理,又操作示范。一连走了 32 家。他们有

的留下了名片,有的留下了样品,但没有一家订货购买。

那一天,我头顶着烈日,望着数不清的餐馆,真恨不得把身上的产品摔个粉碎。我曾发誓,这一辈子再也不进餐馆,再也不当销售业务员!

我,一个堂堂的北大毕业生、北大的校委委员、班级团支部书记、优秀学生干部、天之骄子,今天扛着外商食用油一家一家地搞推销,一次又一次地遭受着那些餐馆老板、老板娘的白眼,汗流浃背地遭受着这般辛苦,这个世界公平吗?我为什么要受这种苦呢?

在北大读书时,大学二年级我就入了党。当时我的理想是当外交部长。毕业后分到北京市政府机关工作时,我给自己定的目标是两年内当科长、五年内当处长、十年内当局长。为实现自己的理想,我曾用几个月的业余时间千辛万苦地写出 12 万字的论文交给局长,我想告诉他们:"我最棒!"

但是三年后,当我背着产品搞推销时,我这个立志当外交部长的高才生连外交部大院的门都进不去。

我清楚地记得那次,与外交部联系好了购买顶好色拉油的一笔大生意。这批油是作为机关干部过节的福利待遇。因与我联系的负责人临时有事未在办公室,我在外面等了整整一个多小时,好不容易等到人来了,公司送货的车却出了问题。可机关的通知已经贴出来:上午发油。领油的人已经排成了长队,我急得满头大汗。直到快下班时,油才送到。事后,我把后勤部门的几个人全请来喝酒,自甘罚酒赔礼道歉。我喝醉了,是我一生中醉得最厉害的一次。

我对大家说:"今天,你们看到的是我当过三个跨国公司中国总监等职的潇洒。可是,潇洒的后面该洒下多少汗水甚至血泪?有人说,就凭你北大的牌子和高才生的聪明,根本不需要去受这般苦。我要说,我不清楚别的行业是否这样,我只知道,对搞销售的人来说,绝对不会存在任何的幸运!"

只有耐心圆满完成简单工作的人，才能够轻而易举地完成困难的事。

——[德]席　勒

一　心　一　意

□[法]安德烈·莫洛亚

安德烈·莫洛亚（1885~1967）　法国著名传记作家、小说家。小说《布朗勃尔上校的沉默》和《奥格拉底医生的讲话》都以第一次世界大战为题材。所作传记体小说闻名世界，主要有《雪莱传》、《拜伦传》、《乔治·桑传》、《雨果传》、《巴尔扎克传》等。

一个人的精力和才智是极其有限的。面面俱到者，终将一事无成。我十分了解那些见异思迁的人。他们一会儿觉得"我能成为一名伟大的音乐家"，一会儿又认为"办企业对我来说易如反掌"，一会儿又说"我若涉足政界，准能一举成功"。请相信，这类人终将只是业余的音乐爱好者、破产的工厂主和失败的政客。

拿破仑曾说："战争的艺术就是在某一点上集中最大优势兵力。"

生活的艺术则是选择一个进攻的突破点，全力以赴地进行冲击。

职业的选择不能听任自然，初出茅庐者都应该扪心自问："我干什么合适，我具备什么能力？"如果力所不及，强求也是徒劳。

如果你有个大胆又果敢的儿子，与其让他去坐办公室，倒不如让他去当飞行员。而选择一旦作出，除非发生错误或严重意外，你万万不可反悔。

在已确定的职业范围内，仍有必要作进一步的选择。哪一位作家也不

可能各种小说全写，哪一位官员也不可能改革一切，哪一位旅行家也不可能走遍天涯海角。你还得绝对顺从天意，摆脱权力欲。给你一点必要的选择时间，但是有限。军人在充分考虑了一道命令的后果之后，他们习惯于在讨论中一语定夺："执行！"请以同样的方式，结束你的自我讨论吧。

"明年我干什么？准备这门考试，还是那门？是去国外深造，还是进这家工厂？"对这些问题，反复考虑是自然的，但是为自己限定一定的时间也是必要的。时间一过，就应当作出决定。

"执行"的决定既已作出，后悔是没用的，因为，世界上的事情总是在千变万化。为了保证忠实地执行自己作出的决定，经常制定既能体现长远规划，又能显示近期目标的工作计划是有益的。几个月之后，几年之后，再回头看看当初的计划，我们会对自己的能力和素质产生信心。但是，在计划内众多的项目中，分清轻重缓急十分必要。在这方面，应该倾注全部的心血，全心全意干你该干的事。

让你的思想和行动都朝着一个目标努力。当你达到目的的时候，你就可以回顾一下以往的足迹，察看一番走过的弯路，只要事业未就，必须勇往直前。

对什么都感兴趣的人是讨人喜欢的。但是干事业，你只能在一定的时间内，专心致志于一个目标。美国人讲："一心一意。"虽然你常常会被一些纠缠不清、难以下手的问题搅得心烦意乱，但是经过不懈的努力，最终一定会排除障碍。

不要轻言放弃

□ [德]马丁·海德格尔

马丁·海德格尔（1889~1976）　德国哲学家，存在主义的主要代表之一。弗赖堡大学哲学博士。毕生重视探求"存在"的意义。主要著作有《存在与时间》、《什么是形而上学》、《论真理的本质》、《林中路》等。

在现实社会生活里，有许多人选择了不适合自己的事业，这是无法逃避的现实。我们没有挑剔的权利，只能接受不可逃避的现实挑战，作自我调整。哲学家叔本华曾说过"逆来顺受是人生的必修课程"，这话听起来令人泄气，但却是事实，你不得不认同并接受这一观点。

当我们面对和自己能力相去甚远的事业，如果我们对它缺少兴趣，就缺乏对它的工作热情，也就缺乏生动性和创造力，就不会使自己的生命充满色彩。为什么我们不去培养对这项工作的兴趣呢？我们记住这样一句人生格言：干工作，不但是为了社会，也是为了自己。一旦养成了工作是为了自己的思维定式，我们就会对这项工作产生兴趣，事业的魅力便会层出不穷，甚至可以研讨寻找这一事业与自己利益新的契合点，从而引发出对这项工作的积极性。要么不做，要做就做得更好。所以我们一旦决定自己要干什么，就不要轻易改变主意。

生活中还有另一类人，尽管具有较高的智力，同时在别人看来也有一桩相对很好的事业，但是由于欲望值太高，往往不安于现状，总是这山望

着那山高,所干的事换了一茬又一茬,到头来,一样也没干好,却失去了造就自己的大好机会,反过来吃了原本不必要吃的亏。既然如此,何必当时随随便便地改变主意呢!

一个人只要有一旦决定干什么就不改变主意的决心,然后采取行动,奋斗10年、20年,直至一辈子,那么他肯定会成功。退一步讲,他所追求的理想没有成功,但他这种精神,就昭示着一种成功,而且这种成功很独特,显得悲壮,超越了一般成功的意义。

当然,不论是谁都会有不顺心,坏运气总会存在,但你千万不要被别人的嘲弄、讽刺、卑鄙的评论所吓倒。走自己的路,让别人去说吧!

假使你在途中遇上了麻烦或阻碍,你就去面对它,解决它,然后继续前进。这样问题才不至于愈积愈多。同时当你解决了一个问题,另一个问题有时也自动消失了,你只要坚持到底,没有哪些事办不成。

在追求的道路上,当你一步步往前走时,忽然间会发现事情有了很大的转变,干劲增强了,自信心也提高了,会感到一种前所未有的快活。工作也比过去做得更多更好,人际关系也朝着好的方向转变,这时候,离自己的好运不远了,越来越接近自己确立的目标了,成功的日子就快到了。

据说,开罗博物馆这个庞大建筑物的第二层楼大部分放的都是灿烂夺目的宝藏:黄金、珠宝、饰品、大理石容器、战车、象牙与黄金棺木,这些都是从图坦·卡蒙法老王墓挖出的宝藏。巧夺天工的工艺至今仍无人能及。如果不是霍华德·卡特决定再多挖一天,这些不可思议的宝藏也许仍在地下不见天日。

"这将是我们待在山谷中的最后一季,我们已经挖掘了整整6季了,春去秋来毫无所获。我们一鼓作气工作了好几个月却没有发现什么,只有挖掘者才能体会到这种彻底的绝望感;我们正准备离开山谷到别的地方去碰碰运气。然而,要不是我们最后垂死的一锤努力,我们永远也不会发现这远远超出我们梦想所及的宝藏。"后来卡特在自传中这样论述。

人们经常在做了90%的工作后,放弃了最后可以让他们成功的10%甚至1%。这不但输掉了开始的投资,更丧失了最后的努力而发现宝藏的喜悦。很多时候,人们会开始一个新工作,学习新的技艺,然后,就在成果出现之前轻易地放弃。

领　袖

□（香港）李嘉诚

李嘉诚　全球华人首富。1928 年生于广东潮州，1939 年为躲避日本侵略者的压迫，全家逃难到香港。1950 年创办长江塑胶厂，1958 年开始投资地产市场。现任"长江实业集团有限公司"董事局主席兼总经理，及"和记黄埔有限公司"董事局主席。

尊敬的各位领导、各位来宾、各位教授、同学们：

屈指一算我的公司已成立 55 年了，由 1950 年几个人的小型公司发展到今天全球 52 个国家超过 20 万员工的企业。我不敢和那些管理学大师相比，我没有上学的机会，一辈子都在努力自修，苦苦追求新知识和学问，管理有没有艺术可言？我有自己的心得和经验。

翻查字典，艺术的定义可简单归纳为人类发自内心的创作、行为、原则、方法或表达，一般带美感，能有超然性和能引起共鸣。是一门能从求学、模仿、实践和观察所得的学问。光看这些表面的表述，管理学几乎和艺术可混为一谈，那么我今天就应该没有什么好讲了。

你是老板还是领袖？

我常常问我自己，你是想当团队的老板还是一个团队的领袖？一般而言，做老板简单得多，你的权力主要来自你的地位之便，这可来自上天的

缘分或凭仗你的努力和专业的知识;做领袖较为复杂,你的力量源自人性的魅力和号召力。要做一个成功的管理者,态度与能力一样重要。领袖领导众人,促动别人自觉甘心卖力;老板只懂支配众人,让别人感到渺小。

想当好的管理者,首要任务是知道自我管理是一重大责任,在流动与变化万千的世界中,发现自己是谁,了解自己要成什么模样是建立尊严的基础。儒家之修身、反求诸己、不欺暗室的原则,西方之宗教教律,围绕这题目落墨很多,到书店、在网上自我增值的书和秘诀数不胜数。我认为自我管理是一种静态管理:是培养理性力量的基本功,是人把知识和经验转变为能力的催化剂。这"化学反应"由一系列的问题开始,人生在不同的阶段中,要经常反思自问,我有什么心愿?我有宏伟的梦想,我懂不懂得什么是节制的热情?我有拼战命运的决心,我有没有面对恐惧的勇气?我有信息有机会,有没有实用智慧的心思?我自信能力天赋过人,有没有面对顺流逆流时懂得恰如其分处理的心力?你的答案可能因时、因事、因处境,审时度势而有所不同,但思索是上天恩赐人类捍卫命运的盾牌,很多人总是把不当的自我管理与交厄运混为一谈,这是很消极无奈和在某一程度上是不负责任的人生态度。

14岁,穷小子一个的时候,我对自己有一种很简单的管理方法,我知道我必须赚取足够一家勉强存活的费用。我知道没有知识我改变不了命运,我知道今天的我没有本钱好高骛远,我也想飞得很高,在脑袋中常常记起祖母的感叹:"阿诚,我们什么时候能像潮州城中某某人那么富有。"我可不想像希腊神话中伊卡罗斯一样,凭仗蜡做的翅膀翱翔而坠下。我一方面紧守角色,虽然我当时只是小工,但我坚持把每样交托给我的事做得妥当出色,一方面绝不浪费时间,把任何剩下来的一分一毫都购买实用的旧书籍。我知道要成功,怎能光靠运气,欠缺学问知识,程度与人相距甚远,运气来临的时候也不知道。还有一重要小点,我想和同学分享,讲究仪容整齐清洁是自律的表现,谁都能理解贫困的人包装选择不多,但能选择自律心灵态度的人更容易备受欣赏。

22岁我成立公司以后,我原来的进取奋斗的品德和性格已经不能适应当时的工作需要,我知道光凭能忍、任劳任怨的毅力已是低循环过时的观念,成功也许没有既定的方程式,失败的因子却显而易见,建立减低失败的架构,是步向成功的快捷方式。知识需要和意志结合,自我静态管理的方法要延伸至动态管理,理性的力量加上理智的力量,问题的核心在如何避免聪明组织干愚蠢的事。"如果"一词对我有新的意义,多层思量和多方能力皆有极大的价值,要知道"后见之明"在商业社会中只有很狭隘的贡献。人类最独特的不仅是我们有洞悉思考事物本质的理智,而且我们有遵守承诺、矫正更新的能力、坚守价值观及追求目标的意志。

　　商业架构的灵活制度要建立在实事求是、能有自我修正挽回的机制之上。我指的不单纯是会计系统,而是在张力中释放动力,在信任、时间、能力等范畴建立不呆板、能随机应变的制度。你们也许听过我说企业应在稳健中寻找跳跃的进步,大标题下的小点要包括但不局限于:开源对节流、监督管治对创意和授权、直觉对科学观、知止对无限发展……

　　每一个机构有不同的挑战,很难有绝对放诸四海皆准、皆适用的预制组件,老实说我对很多人云亦云的表面专家的分析是"尊敬有加",心里有数,说得俗一点儿,有时大家方向都正确,实际却是花拳绣腿、姿势又不对。管理者对自己负责的事和身处的组织有深层的体验和理解最为重要。了解细节,经常能在事前防御危机的发生。

　　其次成功的管理者都应是伯乐,摩登伯乐的责任不仅在甄选、延揽"比他更聪明的人才",但绝对不能挑选名气大但妄自标榜的企业明星。高度竞争社会中,高效组织的企业亦无法负担那些滥竽充数、唯唯诺诺、灰心丧气的员工,同样也难负担仅以自我表演为一切出发点的"企业大将"。挑选团队,有忠诚心是基本,但更重要的是要牢记光有忠诚但能力低的人和道德水平低下的人同样是迟早累垮团队、拖垮企业,是最不可靠的人。要建立同心协力的团队的第一条法则就是能聆听沉默的声音,问自己团队和你相处,有无乐趣可言,你是否开明公允、宽宏大量,能承认每一个人的尊严和创造的能力,有原则和坐标而不是费时失事矫枉过正的执著者。

　　领袖管理团队要知道什么是正确的"杠杆"心态,"杠杆定律"始祖阿基米得(前287~前212)是古希腊学者,他曾说:"给我一个支点,我可以撬起整个地球。"支点是效率和节省资源策略和智慧的出发点,试想与海克力士单凭个人力气相比,阿基米得是有效得多。不知从什么时候开始,把这概念简单扭曲为教人迷思四两拨千斤教人以小搏大,聪明的管理者专

注研究精算出的是支点的位置,支点的正确无误才是结果的核心。这门工夫倚仗你的专业知识和综合力,能否洞察出那些看不见的联系之层次和次序。今天我们很多公司只看见千斤和四两的直接可能而忽视支点的可能性,因过度扩张而陷入困境。

我没有你们幸运能在商学院聆听教授指导,告诉你们,我年轻的时候,最喜欢翻阅的是上市公司的年度报告书,表面上挺沉闷,但别人会计处理的方法的优点和漏弊,方向的选择和公司资源的分布都对我有很大的启示。

对我而言,管理人员对会计知识的把持和尊重,正现金流的控制,公司预算的掌握,是最基本的元素。还有两点不要忘记:第一,管理人员特别要花心思在脆弱环节;第二,在任何组织内优柔寡断者和盲目冲动者均是一种传染病毒,前者的延误时机和后者的盲目冲动均可使企业在一夕间造成毁灭性的灾难。

最后,好的管理者真正的艺术在其接受新事、新思维与传统中和更新的能力。人的认知力是由理性和理智相互交融贯通而成,我们永远不是也永远不能成为"无所不能的人",有时我很惊讶地听到今天还有管理人以"劳累"为单一卖点,"天行健,君子以自强不息",自强不息的方法重要,君子的定义也同样重要,要保持企业生生不息,管理人要赋予企业生命,这不单只是时下流行在介绍企业时在 powerpoint 打上使命,或是懂得说上两句人文精神的语言,而是在商业秩序模糊的地带力求建立正直诚实的良心。这路并不好走,企业核心责任是追求效率及盈利,尽量扩大自己的资产价值,其立场是正确及必要的。商场每一天如严酷的战争,负责任的管理者捍卫企业和股东的利益已经日复一日,精疲力竭,永无止境的开源节流、科技更新及投资增长,却未必能创造就业机会,市场竞争和社会责任常常两难兼顾,很多时候,也只能是在众多社会问题中略尽绵力而已。

我常常跟儿子说,你要建立没有傲气但有傲骨的团队,在肩负经济组织其特定及有限责任的同时,也要努力不懈,携手服务贡献于社会。这不能只是我对你的一个希望,而是你对我的一个承诺。今天也和大家共勉。

谢谢大家。

构筑创业梦想的六个台阶

□ [美]谢洛德

谢洛德　享誉国际的创业研究专家、企业领袖的导师和顾问；同时他本人也是成功的企业家，深谙创业的方方面面，深知要成为成功的企业家需要什么。由他撰写的《企业家不是天生的》一书获得了国际企业管理界的普遍赞誉。

使用共振原理

在 17 世纪，克里斯蒂安·惠更斯发明了摆钟。他把几个钟挂在房间的墙上，每个钟摆各自摆动着。惠更斯发现，不一会儿，所有的钟摆开始以精确的、同步的节奏摆动。他得出了这样的理论：钟表的声波进入了墙壁，与每个钟摆各自的摆动相互作用，从而带动所有的钟摆以同样的节奏摆动。惠更斯的这个理论现在已经是一个广泛接受的物理原理，被称为"共振原理"。

当你开始憧憬梦想的时候，你梦想的节奏也会受到像墙壁对室内所有其他声音作出回应那样的影响。所以你是否梦想房间里有你想要共振的节奏。

小的时候，当你想要或是想买某样东西时，你会知道要恳求父母中的哪一方，因为他（或是她）会比另一方更支持你的想法；做学生的时候，你知道哪一位老师能够解答你的思考或是难题。即使现在，你也知道哪一位管理人、老板或是同事能够和你产生最和谐的振动。

如果你在考虑建立或是购入你自己的企业，你就要多和那些曾经是或

者现在是创业人士的人在一起。不要和那些絮絮叨叨、老爱唱反调的人一起工作。他们传出的振动是"不能做"和"不可能完成",而且他们的影响是那么的强烈,如果你留在他们身边,他们就会像钟表背后的墙一样,使你随着他们的频率摆动。这会阻止你实现梦想。

这类老爱唱反调的人的振动是可以预见的。几年来,我一直用一句话来形容那些不精通任何一种我或是我的公司提出的创新法律、税率或是经济手法的专业人士的反应。这句话就是"不是你战胜它,就是它战胜你。"

你必须让自己被那些在这方面成功的人围绕着——那些了解你在追逐梦想过程中所需要的人。

做好你的家庭作业

为了弥补新陈代谢缓慢和不够健康的饮食的影响,我每天要在健身的自行车上骑15公里。我开玩笑说,在周末,我会进行一次"文明三项运动"——在自己的游泳池里游泳、骑健身自行车和享受一次午睡。当旅行时,我也会尽量选择可以把健身自行车放在所住的旅馆。许多和我交往的人都知道我的这个怪癖,所以当一位与我有生意来往的以色列专利权律师建议我去见他的客户时,大家不要觉得奇怪,这个客户发明了一种便携式、可装进公文包的健身自行车。

这引起了我的兴趣。我可以看到它的市场潜力,当然我个人也很欣赏这个产品。我似乎想象到了飞机杂志上的广告和机场免税商店中的商品。事情看起来很不错,我打算帮这位特殊的客户实现这个商业机会。但是,首先我知道有一些家庭作业是必需的。为了承担市场销售和生产设备的费用,我的客户会要求在竞争中得到必要的保护,免得他付钱为别人开发生产线。

我与客户商议了一份合约,他要进行一项专利调查,作为对我选择在支付专利权税的基础上购买他的发明专利权的回报。专利权调查发现有数十种便携式健身自行车申请了专利,所以不可能得到必需的保护。我最初的梦想在现实中不存在,我只是在梦想一个现实,只是梦想。我的家庭作业使我避免了一次可能的灾难。

把物质财富当做成功的标准是错误的。我们应抛弃以名利为唯一标准来衡量公职和高级政治地位的错误观念。

——[美]罗斯福

选择你所关心的

里奇·米尔曼说过："做你知道的并且喜欢的事情。"不幸的是，许多创业人士在做他们知道的事情时，失败了；有的还从来没有遇到过他们喜欢的事业。

你可能仅仅因为它是一份工作而讨厌你的工作。或者你很可能喜欢上你现在所进行的事业，前提是你能找到一个更好的老板并还可以进行同样的事业。弄清楚你究竟讨厌的是什么。如果你讨厌的是这样的事业，那么你当然不能把它当做创业方向。如果你讨厌的只是为某些人工作，那就做一些可以改变的事情但是要留在这个行业中。

成功不要求你对所喜欢的行业有经验。黛安·菲丝创建并拥有一家国际服装企业。她不懂得任何服装设计和制作的知识。她曾经是一位女雕刻家，为了维持生计，替 Rodeo Drive 时装店设计和缝制了几件夹克。当这些夹克被戴安娜·罗斯、埃尔克·萨默斯和乔尼·米切尔抢购一空后，黛安就进入了时装界。

关心你所选择的

我们不是在讨论一般性的梦想。我们讨论的是你一流的梦想，是那个可以把你从替别人工作的地方举起，抬高到创业家高度的梦想。

我遇到过也认识一些这样的创业家，梦想对他们来说非常重要，实现起来却很困难。于是，他们忽视了自己的孩子，牺牲了他们的朋友，漠视了自己的伴侣，甚至疏忽了人存在的基本要素——食物、卫生保健、睡眠、娱乐和性。为什么？因为在创业中，他们找到了一种热情，可以取代生活中任何别的热情。创业可以形成一种心理上的上瘾，如果不加以抑制，就会走向极端。

你对创业的热情应该适度。人类应该留一些时间和空间给多样化的人性追求。你可以对每一样追求都抱有热情，但是稍做调整可以为你带来适度的热情。当你是一位创业人士的时候，你会对自己的梦想充满热情，但是你也可以很关心生活中的其他方面。

不要咬太大口，嘴巴会嚼不动

孩子们常常往碟子里装很多很多糖果，超过他们能够吃得下的数量，而爸爸、妈妈们也常说，他们的眼睛比肚子大。当你选择和形成你的创业梦想的时候，要确定你的眼睛对你的肚子来说是不是大得难以接受。

当瑟曼·罗杰斯在美国微软系统公司的工作方案失败，决定离开的时候，他试图从风险投资商那里筹措 3000 万美元创建自己的企业。他没有成功，因为他没有好的记录，也不懂得风险投资。因此，他必须去为另一个——Advance Micro Devices 公司——老板工作。为了开创自己的事业，这个时候的罗杰斯一口咬下了他嚼不动的食物。

做梦的时候，可以想做多大的创业梦就做多大，但是当你已经准备好要实现它的时候，你就要理智一些，把你的梦想与生活结合起来。这也许有点儿难，特别是第一次。但是不要让它阻住你的脚步。你知道你必须尝试，即使结果可能是失败。但不是说你要鲁莽，要增加你失败的可能性，所以要花时间评估一下自己，根据能力制订自己的梦想。

比尔·法利是一个出了名的、有闯劲的冒险者。他对 West Point-Pepperill 的收购是利用麦克·米尔肯的垃圾股完成的。当我问法利他是怎么决定做不做这笔特殊的交易时，他提到了一个词组"理性的乐观主义"。他的形容如下："当我打算买入 West Point-Pepperill 的时候，我知道这么做很有可能。我可没有打算买下通用汽车。我做什么都有一定的合理性。而它在我可以解决的框架内。"

随着时间的改变，掌握判断交易是否在适当的时间架构内的能力会很困难，所以我们可能永远也不知道法利的交易究竟是明智的乐观，还是仅仅是乐观而已。这确实没有关系。理性的乐观主义这个概念很合理。乐观地扩展业务也是理智的，而这也是创业者所梦想的。但是一定要明智地扩展。这就是如何成为一个创业者的全部。

早点开始、常常从头开始，还要有耐心

"早点开始，并且要有耐心"和"加快速度，然后等待"不同。前者里面

可没有等待。相反，我希望你能够遵循芝加哥竞选的老格言："早点投票，经常投票。"你应该现在就开始你的计划，并且每天都从头开始。

虽然你会进步，但是每天的从头开始会让你觉得自己一直在原地。这就是你为什么需要耐心的原因了。不要有挫折感。努力看到你的进步，即使它很不明显。即使你的进步看不见，也要有信念——有耐心——相信它确实存在。毕竟，如果你能相信一些你肉眼看不到的事物是实际存在的，那么你就应该相信那些你看不到的进步也是存在的。

惠普是这样搞定的

□（台湾）厉馥华

厉馥华　台湾知名职业经理人、营销专家。曾任美国运通客户关系经理；复兴航空公关、市场行销经理及公司发言人；佳沛新西兰奇异果台湾区总经理及大中华区行销经理，创造了带领三人公司打造佳沛奇异果销售新台币十亿元的佳绩。

我走入社会的第一份工作是美国运通公司。面试后，上司罗觉得我非常适合从事企业卡销售。当时只是傻傻地接下工作，上班第一天就觉得自己上当了——我根本不知道怎么做销售！

我的职位是"企业卡会员部行销专员"。个人卡是一张一张卖，企业卡是一个公司要五张以上才能申请，当然最好是找大客户，几百张几百张地

卖。刚开始我很苦恼,因为不认识半个人,去哪儿找客户？后来我冷静下来,决定先选择目标,看哪些行业正蓬勃发展,最后锁定计算机业为拓展目标。

我每天规定自己:上班总共要打400通电话找客户。凭着一股阿Q精神,我什么都不想,第一天就打了400通电话。第二天、第三天都这样拼命,但第四天的时候嗓子全哑了,只好乖乖地回家休养了。我的方法或许很傻,但从每天的400通电话里,无形之中,技巧已经磨炼出来了。刚开始常常吃闭门羹,一句"不需要"就被挂断,但打到后来,没有人再随意挂我电话了,因为我琢磨出一个关键点:在电话上急着推销,什么都讲不清楚,于是我只约一个时间见面。果然,我做这样的邀约以后,几乎没失手过。

工作半年后,我就成为公司的高级推销员。第二年,我开始对惠普产生兴趣。惠普是大家公认最难搞的客户,有太多的人找他们谈企业卡,全都吃了闭门羹。恐怕惠普的人一听到"企业卡"三个字就疲乏。果然,虽然我把所有的资源都拿来上阵,结果完全不得其门而入。

于是我动不动就带着饮料、点心去惠普拜访,还故意说是刚好经过。我绝口不提企业卡,久而久之,惠普很多员工都和我很熟,我结识越来越多的"有利人士"。其实他们也都知道我的最终目的,但我仍不提及公事,反而是他们觉得不好意思,主动建议我可以找谁谈。总经理秘书建议我去找财务部秘书,尝试半年后,财务部又推给人事部……总之,在"踢皮球阶段"我只能跟着皮球转。

任何人在此时都会感到挫败,我却觉得在踢来踢去的过程里,可以慢慢摸清惠普内部的架构组织。再说,谁知道是不是会被踢到对的地方？所以我很乐观地觉得事情越来越有希望。事实上,当时我才经营了一年多,如果早知道还得努力一年,恐怕会提前举白旗。

就这样又过了一年,看似无路可走时,我忽然想到惠普有"员工福利委员会"。福委会主委告诉我员工都认为拿企业卡很光荣,多年来一直想要,但公司不肯发,福委会没有决定的权力。我就请福委会主委统计公司有多少人想拿企业卡,结果有两百多人,占全公司1/3。接着我请这两百名员工先将表格填好,利用群众力量,站在员工福利的角度去谈。不管这个方法会不会有效,不放手一试怎么知道呢？

成功的花,人们只惊羡它现时的明艳,然而当初的芽儿浸透了奋斗的泪泉,洒遍了牺牲的血雨。

——冰 心

申请书传下去以后,大家就开始流传公司准备发企业卡申请书,一传十、十传百,最后搜集到三百多张申请书。惠普各高层主管不再踢皮球,而是决定慎重评估员工的需求与福利,最后终于同意办卡。

你适合自己创业吗

□[美]杰克·韦尔奇

杰克·韦尔奇 1935 年生。45 岁时成为美国通用电气公司历史上最年轻的董事长和首席执行官。在他执掌通用电气的 19 年中,公司一路迅跑,并连续三年在美国《财富》杂志"全美最受推崇公司"评选中名列榜首。2001 年卸任,被尊称为"全球第一 CEO"。

真正的企业家不仅仅有一个针对市场情况的独特的价值主张,他们还深深地痴迷其中,执著地追求心中的理想。

真正的企业家往往是那些在挫折中越战越勇的人,别人的拒绝越发激起他们把心中的创意推销出去的决心和斗志。

真正的企业家,往往倾其所有,孤注一掷且乐在其中。真正的企业家可以让你的追随者成为你的信徒。

你内心的矛盾让你犹豫不决,这种情绪也让我们犹豫不决——真的。即使你没有举棋不定,你的创业之路都将很艰难,而如果你举棋不定,这条路将更加艰难。

　　企业家应该具备什么样的素质,从你提出的这个问题可以看出,自己创业的想法最终还是让你难以释怀。这个问题本身说明,你清楚有关创业的一个根本情况:自己创业与在公司工作有着本质的不同。顺便说一句,这里,我们并没有对成就事业的两种方式进行价值标准上的判断。我们只是说,虽然两种生活都可以让你事业有成,但是它们之间确实存在着不同之处。

　　这里有四个问题。如果你对所有问题的回答都是肯定的,那么你就丢掉内心的矛盾,大胆地行动吧。因为,你已经具备了自己创业的全部条件。

　　第一,你是否有一个竞争对手无法匹敌的可以增强产品或服务吸引力的超级创意? 有时候,人们只是向往企业家的"生活方式"——自主经营、大权在握、富甲一方——而没有实现这一切必备的超级创意。真正的企业家不仅仅有一个针对市场情况的独特的价值主张,他们还深深地痴迷其中,执著地追求心中的理想。他们满腔热情,坚信自己找到了自从发现重力定律以来最伟大的发现。他们知道目前迫切要做的事情就是把它推向整个市场,满足人们的相关需求。

　　第二,你是否能够在经受一次次拒绝之后仍然保持脸上的笑容? 要自己创业,你必须投入大量时间去说服(有时候甚至是乞求)风险投资家、银行和其他投资者给你投资。碰壁和失败是家常便饭。没有人愿意被别人拒绝,但是,要想成为企业家,你必须具有百折不挠的毅力,不能在挫折面前退缩。真正的企业家往往是那些在挫折中越战越勇的人,别人的拒绝越发地激起他们把心中的创意推销出去的决心和斗志。

　　第三,你讨厌前途未卜的境况吗? 如果你的回答是肯定的,那就不要再读下去了。要想自己创业,你在死胡同里徘徊的时间将比找不着家的猫还要长。因为你要寻求资金、寻求最新的技术或服务理念,更不要说创办企业还要具备其他各种条件。如果不是在死胡同里,你就像是身处于波涛汹涌的海面的一条漏水的小船上——说得更直接一点,你经常是倾其所有,孤注一掷。如果你是企业家的话,你会觉得这充满乐趣。

　　第四,你的性格是否能够吸引优秀的人才和你一起追逐梦想? 虽然,在创业的初期,你可能在一个人干。不过,要想有所发展,你必须招募一些优秀的人才和你一起干,但是,你又支付不起他们高额的薪水。怎么办? 发挥你的一项专长——让对方也像你一样痴狂于你的梦想。你必须具备这个能力，让你的追随者成为你的信徒。

我们一点儿也不想打击大家自己创业的信心。而且自由市场的健康发展离不开企业家的努力，他们是世界各国经济良性增长的血液。但是，你必须清楚这一点：自己创业和给别人打工完全是两回事。

如果这个念头让你焦虑、不安，那你就停在原地别动；如果让你兴奋、激动，那你就可以放手一搏。

我是这样晋升的

□ 海　岩

海岩　原名侣海岩，1954年生于北京。当代著名作家。曾当过工人、警察，后来从事企业管理工作。以创作公安题材的作品闻名，代表作有长篇小说《便衣警察》、《一场风花雪月的事》、《永不瞑目》、《你的生命如此多情》、《玉观音》等，多数作品被改编拍摄成影视剧。

我是靠领导和同事的关怀与欣赏才坐到今天这个位置的，但凭什么只欣赏你而不欣赏他？这需要研究。我升得并不快，但总能一步一步往上走。我曾分析过自己的长处和短处，短处是文化程度低，至于长处，一是我虽不刻苦，但很能吃苦，打水扫地我都干，在基层单位这很重要，关系到你给别人的印象和你的口碑；二是我和人相处时比较谦让，不喜欢争。我被动，不追求特定目标，只要这件事做得大家都高兴，目标达没达到没关系。所

以我在单位是一个招人喜欢的人。有些人可能能力很强，但锋芒毕露，从不顾及周围人的反应和感受。

这两点形成了我的性格气质，也是我后来人生所达到的境界——吃苦耐劳，这也是境界。

我爸爸曾评价我"聪明绝顶，不学无术"。"无术"是指没专业，聪明是说我对喜欢的东西会很快掌握。比如，在机关里，领导让我写份报告，写完后他们看了，会说，不错呀，不是个光吃饭、只会逗大家高兴的家伙。那时向领导汇报一件事——处长说，明天向局长汇报，我就得赶紧把材料整理好；到那天，科长汇报，处长补充，我就是个拿材料的。通常，把所有材料都看一遍，做到万无一失，我得干到深夜一两点钟。不过，这也为我带来了大好机会：汇报时，局长会不断询问关于报告的细节或者具体数字，处长、科长未必记得，这时便是我插嘴的时候了，根本不需翻材料，啪啪啪啪打机关枪一样说完了。几次下来，局长会说："嗯，这个小伙子不错啊。"马上就引人注目了。

你得把握好时机，不多说，只说具体事。至少领导会感觉到你这人非常负责任，好感产生了，注意力也有了，否则谁在意你呀。险恶的事也有。你往上升，不想伤害人也伤害了，招人嫉恨。我不和人争这种境界不是一开始就有的。我觉得改造自己特别不容易，得学会压抑和克制，但仍然比改造别人简单。当你把自己改造完了后，你会突然发现，他怎么突然对你友善起来了？

有人说成长是一个被加工后重新组合的过程，这是有道理的。这种成长的力量是有惯性的，能一直将你推进不同的层次中去。

我是商人，在国内经商，很多努力要用在商业之外。做生意时，往往因人而异，今天和这个人是一套做法，明天和那个人可能是另一套做法；同样在广东做生意，今年和明年政策风向不一样，手法也可能不一样。中国企业家面临的是不规范的市场、不健全的法规和时时刻刻在变化的人际关系、政策风向，就得把大量精力放在人际关系的处理上。尤其是内部，简直就是一个复杂的人际关系工程。任何一个企业家，如果只懂企业运营，不懂处理人际关系，不可能立住脚。所以，不管你是要做一个有前途的科员，还是要做一个成功的企业家，处理好你身边的人际关系，非常重要。

第六辑
少谈成功，多谈困境

　　我时常在想，我们喜欢读名人传记，是因为我们想了解他们是怎样追求成功的吗？应该不是。他们的成功离我们太远。

　　后来我想通了，原来我们这些普通人不是想看成功者的伟大，而是想了解他们的平凡——我们是想看成功者面对困境时的彷徨无助，看他们期待与现实的落差，看他们在苦难中体味的细微温情，原来我们都在寻找人性中共通的使人战胜困境的力量。

少谈成功，多谈困境

□ 杨　澜

杨澜　女，1968 年生于北京，1990 年毕业于北京外国语大学。1990~1994 年，担任中央电视台《正大综艺》节目主持人。1994 年荣获中国首届电视节目主持人"金话筒奖"，后赴美留学，学成后创办了阳光媒体投资集团，现任阳光文化基金会董事局主席。

在我最初制作高端人物访谈节目的时候，曾深受香港电台的《杰出华人》系列的影响。最富成就的人物，扎实生动的内容，有一定深度的对话就是我对节目的要求。头两年节目以"成功故事"为主，谁有名就采访谁，什么传奇就谈什么。慢慢地，开始不满足了。无论怎样传奇，无论多么重要，都不一定与你我相干。再说，新闻已经报道过，历史已经评价过，还要你再说一遍？面面俱到地报年谱，又能给人们留下什么印象呢？我苦恼着，一遍遍回放采访的录像，结果发现，那些经得起反复回味的片段往往与所谓的成功结果无关。它们不是获得诺贝尔奖的激动瞬间，不是艺术杰作被天价拍卖的屏息时刻，而是与过程相关的一个个困境，是期待与现实的落差，当事人的彷徨无助，以及在苦难中体味的细微温情，这些才是人性的相通之处，是大浪淘沙后留下的烁烁真金。

于是这以后的采访，我有意识地多谈"人"，少谈"事"，多谈"困境"，少谈"成功"，以期找到被采访人与观众的共鸣。当我问何时找回心灵的安宁时，

一朵成功的花都是有许多苦雨、血泥和强烈的暴风雨的环境培养成的。不是一期成功的人,他的事业也不是一期可以破坏或失败的。

——冼星海

美国前总统克林顿告诉我:"在最困难的时候,我决定告诉妻子真相。真相给人自由……我从我的母亲那里学到了在逆境中生存的勇气。她常说,人生中不顺利是常态,顺利才是暂时的。"这世界上口才比克林顿好的实在不多,但我相信他的话语是真诚的。同样地,我能够体会成龙的真诚。他在我就"小龙女"事件旧事重提的时候说:"我真的一直防着我太太,因为我怕她把我的财产卷走,我一直只给她够用的零花钱而已……那一天,我给她打电话,没好气地告诉她我发生的事情,我希望她生气,希望她骂我,然后我就可以说,算了,离婚吧。但她没有,反而让我别管她,先去把别人照顾好。我傻了,真的傻了!后来,我就改了遗嘱,把财产的一半交给她,另一半捐给基金会。"我一边采访一边想:"可怜的女人,她本来就应该得到你的财产的那一半。"但我没忍心打断成龙的叙述,他的感动和他自我感觉的"慷慨"都是真实的。

有时,成功本身就是一种困境。近几年我采访的人士中有不少是我认识多年或曾经采访过的,如陈天桥、江南春。他们走过创业初期的艰辛与惊险,一步跨上纳斯达克的这匹快马,飞扬的股价、高涨的业绩使他们成为资本的宠儿。不过,还来不及高兴太久,这匹烈马就使出了顽劣的性子,它的贪婪、喜新厌旧和冷酷无情让人不寒而栗。

还有一种困境,叫万众瞩目。如陈凯歌、冯小刚,如妮可·基德曼、休·杰克曼。当初人们那个捧啊,曾经人们那个损啊,哪里有你辩白的余地?妮可刚踏入好莱坞,采访期间相传她不过是傍上了汤姆·克鲁斯,试图走捷径的美妞而已;陈凯歌拍了《无极》,故事的确牵强了些,受到挪揄后,用词也意气了些,谁料得到这引来山摇地动的"馒头"风暴,真能将人活吞了似的。人一旦受到过度的关注,就成了某种象征,周围人对他(她)的评价往往就夹杂了许多其他内容,当事人大概只有一边挨着,一边向上苍祷告。

比外界压力更难受的一种困境叫自我怀疑。哲学家周国平是位智者,就连他也逃不脱这种困境,甚至因为敏锐善感,他的痛苦比旁人还要来得更深切些。当他一个人被下放到偏远的小城,寂寞难当,他有理由怀疑自己是否会终老于此;当他高考返城,在婚姻之外邂逅爱情,他长期在责任和情感的选择中辗转难眠;当他心爱的女儿妞妞在婴儿期就被诊断得了绝症,他和妻子就不得不为保全女儿的眼睛还是生命而痛苦选择。这生命的难以承受之重,旁人又怎么体会?哲学,又如何能帮得上忙呢?

其实，个人的困境往往也属于时代。心灵的空缺，强烈的不安全感，生活的颠簸和感情的摇摆可能属于每一个人。我们的困境如此真实，而我们的欲望又如此强烈，所以整个社会都在一种焦躁中拼命狂奔，心事重重，生怕被这个已经丢三落四的时代甩在身后。

一种单纯而宁静的心绪显得陌生了。这也许是我们真的应该开始谈的话题。但这，又似乎不是一个谈话节目可以承担的。制片人拿着选题单子来跟我商量：做些创业致富的人物吧，观众还是对怎么赚钱感兴趣。

"哦……"这是我的困境。

准确地说，是困境之一。

我曾想比城里人还城里人

□ 葛红兵

葛红兵 1968 年生。当代作家、文艺评论家。主要从事中国现当代文学、文艺学研究，其文风恣肆狂放，以新锐大胆著称，被喻为"思想评论界的黑马"。著有自选文集《正午的诗学》、《人为与人言》，以及自传体随笔小说《我的 N 种生活》、长篇小说《沙床》等。

跨越等级

我来自农村，从海门师专毕业后被保送入扬州大学，学费虽然被免

成功也并不一定是指大事，每一件小小的工作的完成，也都是成功。

——[法]罗曼·罗兰

了，但家里穷，不能为我提供书、牙膏、毛巾等学习、生活用品的费用。贫穷让我更加珍惜学习的机会，更加刻苦。我可以毫不羞愧地说，我是同学中最用功的一个。我认为自食其力、独立生活和自强不息是人的美德。

大一时我就打过很多种工。因为喜欢书法和绘画，我开始是在古玩市场帮一个小老板装裱字画，学习如何润画、装裱和修补。小老板给我的钱虽然很少，但我至少学会了一种手艺；后来是在一个司机大哥家里做家教，那个小孩不太聪明很贪玩，我依然教得很尽心，每月可挣得家教费20元，司机大哥还经常请我喝汾酒……

扬州地方小，那个时候又没有私营经济，大学生很难找到什么活儿，我常常会有朝不保夕的忧虑，所以，基本的用度是非常节俭的。好在学习成绩很好，我每年都能拿到300~400元的一等奖学金，用作回家看望父母、兄嫂的路费，甚至还可以带一点儿礼物回家。不过，偶尔也有支用不妥的时候。那些日子，常常是在一家小书店蹭书度过，帮忙整理图书、搬运货物，可得免费午餐，后来和那家书店的老板倒是成了朋友。

关键是，我支撑过来了。

城市化的过程对我来说是一个着意训练的过程。大学的时候我特别自卑，因为我身上带着非常浓重的土气，我脸庞黝黑。城里女孩儿的连衣裙盛开在我的梦里面，使我摇摇欲坠。那个时候我就认定，我跟她们是两个等级的，要跨越这个等级，唯一能做的就是对我自己进行训练，我要把自己训练成一个比城里人还城里人的人。

我在大学一年级开始读哲学书，读黑格尔、康德、萨特、波伏娃的作品，那个时候《第二性》刚刚流行。读这一系列的作品，就是为了在精神上跟我的乡土彻底地决断。有时候我希望自己在精神上是个孤儿。曾经有一个阶段我对乡村、对我的故乡怀抱着深切的痛恨，我希望我是没有故乡的人，因为每每临近故乡我都为自己感到凄凉。中国有严格的户口制度，我是海门师专保送入大学的，我知道我大学毕业后的分配要"从哪里来，回哪里去"。不论我读书怎么用功和努力，最后都要回到海门小镇终了一生，所以有时觉得非常虚无。虽然绝望，但我是一个不相信命运的人，我要跟命运抗争一番。

从此，我讲话特别文明，一个脏字都没有，并着意训练我的普通话，因

为我认为,语言是一个人非常重要的标志。有许多人,他可以赚很多的钱,可以成就很大的事业,但是他的语言,可能永远停留在那个乡音里面。直到我精神上真正成熟,我才意识到这个想法是不对的。哲学使我相信,一个人活着的意义不应该仅仅为自己和父母,还可以为整个全人类。一个人的见解不仅可以超越自身和一个国家的功利,甚至可以超越地球、全人类的功利,站在更高的理性角度看待整个宇宙。哲学让我真的变成了一个超越的人。我的整个精神世界得到了改造,过去的许多直观概念都被粉碎了,新的精神世界构建起来了。

账 房 先 生

"大学使我的人生道路产生了改变……"这是我们那一代大学生的普遍共识。20世纪80年代末的大学生群体关心的是诗歌、艺术。我小时候总梦想着自己能成为一个诗人,我的大学生活也从写诗开始,随后是吉他、钢琴,而最重要的还是读书。

我手头一有钱就去买书,大一时就存了一百多本,床上堆满了书,睡觉时只能睡半张床。当时我有一个绰号叫"账房先生",因为我总是背着一个书包,里面至少有七八本书,来去匆匆。当时我是班长、团支部书记,虽然事情很多,我每天仍要读书到很晚。晚上九点多就熄灯,只好买了蜡烛,挑灯夜读,没有一天不是超过11点睡觉的。时间是挤出来的,只要我背着书包,我在任何时间任何地方都可以看书。开会之前的15分钟、食堂买饭排队、上厕所都可以看书。我就是这样学英语,每天上厕所的时间都在读英语,自己规定必须在15分钟内读两页,背下来,然后把那两页撕掉。

我舍得花钱买书,却舍不得买好的饭菜,吃饭常常不准时,宿舍的窗户坏了没人修理,冷风往寝室里吹,结果我得了严重的胃病。记得1993年的一个寒风凛冽的冬天,我一大早就起床,没吃早饭就去教室写作。当时正在写一个长篇小说,写得激情澎湃,一下子写了七十几页的稿纸,那是500字一页的稿纸。写完已经是下午3点了,我突然觉得胃像是饿成了一个空洞,赶紧跑去食堂。已经过了吃饭时间,食堂里什么也没有,烧菜的大师傅看我饿得可怜,给了我一块又冷又硬的猪排骨,吃下去不到一小时我

就上吐下泻地昏了过去。同学们把我送到了市医院，诊断为萎缩性胃炎，我在病床上躺了一个月，那时我深切地体会到了什么叫"呕心沥血"。

一分耕耘，一分收获，勤奋写作让我收获了许多荣誉。我后来获得过全国大学生社会调查征文一等奖，校报上经常能见到我的文章，在杂志上发表了许多诗歌，江苏省大学生演讲比赛获过二等奖，扬州电视台也曾报道过我的事。到了毕业时，我成了学校里的风云人物和颇有名气的小作家。

我还特别喜欢旅游。我常常憧憬远方充满传说的城市，我喜欢陌生的地方、陌生的人们和陌生的生活方式。我梦想有一天把整个中国跑遍。我和一位男同学向校方请了3个月的假，组成了一个二人旅游团，去了南京、景德镇、南昌、九江、庐山、华山、九华山、西安、兰州、郑州、开封……

人是被逼出来的，因为缺钱少吃，我们想出各种办法来省钱。

在景德镇时，我们遇见了一个开小酒店的老板，他让我们免费吃住了半个月，只因为他也喜欢诗书，愿跟我畅论古今，现在想到的时候还很感动；从九江出来坐船到南京要三天三夜，我们买的是散客票，甲板上很脏，到处是痰迹纸屑和民工的行李。晚上怎么睡觉啊？船上有一个舞厅，晚上11点关门后，我们就把卖票的桌子搬到甲板上，睡在桌子的肚子里；乘火车去西安时，我们先买了两条麻袋，把麻袋铺在别人的椅子下面，睡在麻袋上过夜。

回到扬州时，我们在长途汽车站吃了一碗面，身上就一分钱也没有了，成了名副其实的叫花子。我们用很少的钱，见识了祖国的名山大川，学会了跟各种各样的人打交道，锻炼了在困境中生存的创造力和想象力。

有时，我甚至想，大学是我一生中最快乐的时光，许多书是那个时候开始读的，许多对世界的想法都是那个时候有的，许多朋友是那个时候结交的。总而言之，大学生活是美好而温暖的。

前方是绝路，希望在拐角

□[加拿大]陈思进

陈思进 加拿大籍华人。1990年9月到美国，是美国"9·11"事件幸存者之一。1996年底，移民加拿大，任职金融软件公司INEA。2001年9月，任纳斯达克Brut ECN公司高级金融软件工程师，重新回到纽约华尔街。

经济不景气时，华尔街裁员是非常无情的。一分钟甚至一秒钟前还是拿着高薪的白领，顷刻间就会变成无业游民。2002年，我就亲身经历了这样一次大规模的裁员。

那天，我像往常一样到公司上班。一进办公室，就看见地上堆着无数空的计算机箱子，回想起楼下停着的十多辆出租车，我不禁心里一震。

突然，我桌上的电话响了，我的血液一下子凝固了，机械地接起电话："马上通知所有员工，到会议室开会！"放下电话，我感到双腿有些瘫软。

在员工大会上，高层领导宣布这一天Sun Gard兼并了Brut ECN。Sun Gard的"接收大员"对我们开发的BWS系统赞赏不已，承诺我所在的部门不会裁员，还准备投入资金、人力，把产品开发成旗舰产品。那一刻，我感觉自己就像灾难中的幸存者一样。然而，命运又一次捉弄了人。12月中旬的一天，我所在的部门突然被一锅端了，真是世事难料啊！

那时的华尔街，正逢"9·11事件"过后的不景气阶段，各大公司的怨声一浪高过一浪，被裁掉的员工不计其数。据统计，当年华尔街的从业人员从40万被裁到了20万，数量大得惊人。

勿问成功的秘诀为何,且尽全力做你应该做的事吧。

——[美]华 纳

2003 年新年刚过,备受打击的我不得不打起精神重新找工作。

如以往那样发出了一批履历,但除了猎头公司来了几个电话,就没有任何音讯了。这是以往不曾有过的,我感到不对劲儿了。后来看到一份统计才知道,那时 35% 的公司在裁员,60% 的公司人事冻结,而仅剩的 5% 招工的公司又大都通过内部招聘,如员工的介绍等。

通过多方努力,一月中旬的开始,渐渐地有了面谈。

第一个是汇丰银行,一谈下来,他们那个部门的业务我从未做过,于是我将履历改了一下,加上了金融的内容,同时恶补了相关的知识。

二月开始,面谈多了,包括 Banco Santander(西班牙语系最大的银行)、美洲集团、美林证券等,但因人事冻结,只是 3 到 6 个月的短期合同,我便将这些面谈作为练兵,积累经验。

不久,又有两家公司的面谈被列上了日程,这两家无论在技术还是业务上都和我以往的经验很吻合,我抱着必胜的信念上路了。

第一家是 CIDC,一谈下来非常对路,估计成功的概率很大。哪想到情况突变,他们突然不添人手了,我的心再一次跌到了谷底。

第二家是瑞士的第一大财团,一面谈,双方都很满意。但问题是他们不在纽约,在康州。因妻子在纽约读书,只好作罢。接连失去两次机会,我有些慌了。

就在这时,我接到了一个电话。一个自称 Don 的人开口就问我:"你是不是在找工作? 知道全世界房价最高的地方在哪儿吗?""旧金山。""那么哪里的生活水平最高呢?""当然是日本东京喽。"他一个接一个地问我一些与工作不相关的问题,令我十分纳闷儿。后来我才知道,他来自 CSFB(瑞士的第二大财团下属的投资银行),正在物色适合的助理副总裁,负责该银行的电子交易软件的开发。

由于中国人的技术不成问题,可交流常常出问题,所以,他们从收到的 400 多份履历中先挑出 80 份通电话,然后选出 30 个人面谈,再选出 18 个送到总部面谈……

经过一番激烈的竞争,一星期后,我终于接到了翘首以盼的正式聘书,薪金竟然比我在 Brut ECN 时还多出 5000 美元,真令人惊喜!

生活中,面对困境,我们常常会有走投无路的感觉,不要气馁,再坚持一下,希望就在拐角处等着你!

冒一切险

□ [印度]奥 修

奥修（1931~1990） 早年以优异的成绩毕业于印度沙加大学哲学系,曾获得全印度辩论赛冠军。他周游各地演讲,内容广泛,涉及哲学、人生观、宗教等领域。根据他的演讲出版了数百种书,行销世界各地。

生活需要巨大的勇气,怯懦的人只是活着,他们并非在生活,因为他们的整个生命朝向恐惧,而朝向恐惧的生命要比死更加糟糕。他们生活在一种妄想中,他们害怕一切,不仅害怕真实的事,而且也害怕虚假的事,他们害怕地狱,他们害怕幽灵,他们害怕神,他们害怕一千零一件他们自己所能想象的事,或者其他类似的事,害怕之多,使得生活变得毫无可能。

只是具有勇气的人才能生活,首先要学的就是勇气,人要不顾所有的恐惧,开始生活。为什么生活需要勇气呢?因为生活是不安全的,如果你太有安全感、可靠感,那么你将被局限于一个非常小的角落,几乎就是你自己造的一个监狱,它将是很安全的,但却不是活的,它将是很保险的,但它却没有冒险,也没有狂喜。

生命在于探索,它进入不知,它伸向星空!在生命的每一时刻里,充满勇气和具有牺牲一切的精神,没有什么会更有价值,不要为小事,如为钱、为可靠、为安全,牺牲你的生命,没什么东西是有价值的,人应该尽其可能充分地过他自己的生活，只有这样快乐才会出现，只有这样完美的幸福才会变成可能。

那些真正想生活的人必须要冒许多险，他们必须不断地进入到不知的领域，他们必须学会一门最基本的课程：没有家。生命是一个朝圣的旅程，没有开端，没有终点。是的，没有你能休息的地方，但那些人只能在夜晚停留，早上你必须再次起程，生命是一种不断地运动，它从来不会到达尽头，那就是为什么生命是永恒的。

死亡有一个开始和一个结束。

但是你不是死亡，你是生命。

死亡是人们的一种误解，因为人们渴望安全便创造了死亡。创造死亡，让人害怕生命，让人对进入不知的领域感到犹豫就是为了得到可靠与安全。

生命唯一的养料就是冒险：你越是冒险，你也就越富于活力。一旦你明白这一点——不是出自绝望，不是出自无助，只是来自静心的觉知——一旦你明白这一点，你就会被它的可能性的那种纯粹的美所激动。

人在绝望中会接受无家可归，而人错过整个的关键，那也是存在主义错过的，他们非常接近，非常接近：真理就在那个拐角处，他们与佛一样的相近，但他们错过了。他们将幸福变得非常非常的悲伤，他们认为生命没有意义，生命没有目的，生活没有安全，他们变得非常动摇，这是非常具有毁灭性的。

佛陀们也得出了同样的结论，但他们进入了不知的领域不是变得悲哀，他们超越了所有的界线，他们接受了生命就是这样的，他们接受了这就是生命的自然状态，没有必要有受挫感，他们理解没有安全感的生命是美丽的，因为只有那样生命才有探索的可能性，才有创造的可能性，才有跨越新领域的可能性，才有令人惊奇的可能性。如果所有的事都是安全的、肯定的、有保证的、预定的，那将不会令人激动，令人欢舞。

佛陀们都曾经跳过舞！看见那难以置信的事发生，看见奇迹的产生，他们就会欣喜若狂，耶稣一遍又一遍地对门徒说："快乐起来，快乐起来！"我一遍又一遍地说："快乐起来！"

那就是我全部的忠告：我没有给你一个目标，我甚至没有给你一个方

关于生存

□ 闾丘露薇

闾丘露薇　女，1969 年生于上海，1992 年毕业于上海复旦大学哲学系，后移居香港。1997 年加入凤凰卫视，曾采访过多项大型活动和重大国际事件，是凤凰卫视主要的记者及节目主持人。

到现在为止，我觉得，生存是一个人首先要面对的事情。

小的时候，对于我来说，并没有这样的感觉，觉得自己获得的所有的东西，好像都是理所当然的。于是看到漂亮的衣服，闻到好吃的东西，就会对爸爸说，我要。

只是慢慢地，发现原来不是每一个孩子都可以有和别人同样的东西。

好像，当我穿着一条漂亮的连衣裙在弄堂里面走过的时候，引来的是别的小朋友羡慕的眼光，但是大部分的时候，我会发现，我的邻居好朋友，她家里面的玩具总是比我多。当我问爸爸为什么不给我买的时候，爸爸沉默不做声，奶奶就会在旁边说，小孩子不懂事，不知道这些都是要钱的，不知道你爸爸工作有多辛苦吗？

二十多年以后，当我的女儿很多时候吵着要买玩具的时候，她的奶奶，虽然是一个香港人，却也说着和我的上海奶奶同样的话："这些东西是要钱买的。你不知道妈妈工作有多辛苦才挣来钱吗？"

人就是这样开始知道了钱对于生活的重要。慢慢地，随着不断长大，开始明白，谋生一点儿也不容易。

大部分人和我一样，没有一个有钱的爸爸，因此在大学毕业之后，需要自己去找到一份工作。首先是要能够自己养活自己。

以后结婚了，大部分人也和我一样，没有找到一个家财万贯的老公，两个打工仔加在一起，开始为自己的小日子谋划起来。要买房子，有了孩子，就要为孩子上学打算……大部分人的生活就是这样。我的生活也是这样。

在深圳打工的日子

我还记得自己刚刚到深圳的日子。那段日子，让我真的明白什么叫做生存。

因为母亲的关系，大学毕业之后，我到深圳去了，放弃了在外资公司工作的机会，在母亲的公司帮忙。所谓的公司，其实就是那种皮包公司。我和母亲还有她的几个带着发财梦来到深圳的亲戚，也算是她公司的员工。在深圳的一栋民房里面，每天忙忙碌碌，和形形色色的人碰面。用母亲的话来说，生意就是这样碰出来，谈出来的。

我的母亲在我四岁的时候，就在我的生活当中消失了，然后在我 18 岁的时候又突然出现在我的眼前。对于少女时期的我来说，母亲在我的想象里面，是一个神秘而又亲密的人物。于是当她说，希望我大学毕业之后，能够到深圳帮忙的时候，我毫不犹豫地去了。

记得当时我的父亲什么都没有说，他总是这样，每当我要决定做什么事情的时候，他总是什么也不说，即使之后我碰得头破血流地站在他的面前，他还是什么都不说。

我还记得那个夏天，我提着一个箱子，来到母亲既是办公室，也是住宅的地方。母亲的第一句话是，你怎么穿得这样不好看。那一天，我穿的是一件简单的白衬衫，和一条长长的花裙子。母亲总是嫌我长得不漂亮，因为那样在她的眼中，我很难找到一个有钱的男朋友。看上去还非常年轻的母亲对我说，在外人的面前，不要说我是她的女儿，这年头，一个女人要做生意，要在这里混下去，不要让人家知道年纪，不要让人家知道婚姻状况会更加划算。

当时的我，真心诚意地想，这个从来没有过生活在一起的母亲，她曾经经历过多么艰难的日子，我应该帮她。于是我答应了。

接下来的日子慢慢让我开始明白生活的艰难。在我住的房子的对面，住的是那些来自湖南的打工妹的集体宿舍。每天都会看到她们到了吃饭的时间，很多人都是端着一碗白饭，就着一瓶辣椒酱，津津有味地吃着。

而我们的生活也不富裕。我发现，我的母亲什么生意都做，只要能够赚到钱，哪怕只是一点点。虽然请别人吃饭的时候，我的母亲总是抢着埋单，但是在家里面，每顿饭总是节省到只有一个素菜，一个荤菜。

不过我的母亲是那种，哪怕口袋里面只有两块钱，也要在别人面前装得像一个百万富翁那样豪爽的人。这也就是，直到现在，兜兜转转，她还是在用这样的方式生活着。

我的母亲经常会突然消失一段时间，于是房东就会找我来要房租。她的这些亲戚每天都要开饭。曾经有一天，我的口袋里面只剩下两块钱，看着他们，看着这个地方，我真的想哭。因为我不知道，这两块钱用完之后，明天如何生活下去。

母亲消失的时候，我必须自己赚钱支撑这个家，同时也是支撑我自己。靠着同学的关系，我接到了一单礼品生意。我还记得我和我的同班同学一起，跑到别人的厂里面和别人谈判起来。不过别人很快看穿了我的底价到底是多少，这个合同签得有点儿灰溜溜。不过好歹有点儿钱赚，心里面已经算是很满足。

还有一次，我的母亲不知道从哪里拖来一百箱饮料，从东北运到了深圳。而她自己却不知去向。我手忙脚乱地找了一个仓库把这些饮料存放起来，但是开始为仓库费发愁。

面对这一大堆连我都没有听说过名字的饮料，我和我的这位同班同学一起，推着自行车，开始一家小商店又一家小商店地推销。

求人真的是一件需要勇气的事情，要面对别人毫不留情的拒绝，或者是那种干脆不愿答理的样子，现在回想起来，还好那个时候年轻，刚刚走出校门，反而能够承受这些东西，如果是现在，我真的很难想象自己，还能不能像那个时候那样，去做这样的事情。

结果，就这样，冒着炎热的天气，开始了我的推销生活。我还记得，有一天的下午还下着雨，我们的自行车倒在地上，一箱子的饮料从后座上面摔了下来。那个时候，一刹那有一种绝望，觉得自己不可能做到任何的事情。我知道我的这位同学那个时候和我有着同样的感觉。

不过幸运的是，我们的这种软弱只持续了很短的时间，我记得，我们扶起自行车，继续一家商店又一家商店地推销着我们的饮料。

最后，我记得，终于有一个好心人被我们感动了，于是我们又赚了一点儿钱，终于可以解决一大帮人一个月的生计问题。

这样的日子持续了几个月的时间，很快我发现，原来我和我的母亲对于生活的价值观、生存的方式实在有太大的区别。

我的母亲总是拿一些她身边的年轻女孩给我做例子。谁谁谁嫁给了一个有钱的老头，谁谁谁嫁给了一个港商，或者是谁谁谁做了二奶，而她获了多少多少的房产。

在我母亲的眼里，钱才是最重要的，无论如何也不要和钱过不去，因为只有足够的钱才能够生存。

但是我不这样看。我觉得，如果真的爱上一个人，那个人很有钱，倒也是不错的一件事情，但如果只是为了钱却并不值得。

我们闹翻了，从此我和她断绝了来往，但是对于当时的我来说，我已经没有办法再回到上海，于是我要在深圳从头开始。

为了生活，开头的几个月，我什么工作都做过。酒店服务员，仓库管理员，还有国有企业的每天闲着没有事情做的老总秘书。换工作的原因，最主要还是工资问题，因为要租房子，要应付日常的支出，因此那个时候，选择工作的首要准则是工资是不是高。直到后来，在朋友的推荐下，我进入了一家国际会计师事务所，从此我的生活重新上了轨道。

之所以这样说，是因为如果我没有选择来到深圳，没有跟着我的母亲的话，我会和我的不少同学那样，几个月下来，在外资企业已经有了不错的表现。有的时候，我会觉得，我好像浪费了半年的时间。但是现在回想起来，我真的要感谢我的母亲，感谢在深圳的这段日子。

因为在这段日子里面，我看到了那么多在生活底层挣扎的人们如何地生活，我也接触到了形形色色三教九流的人物，他们做着不同的事情，有的人循规蹈矩,慢慢寻找着机会,有的人用不正当的手法,希望能够在最短的时间内赚到最多的钱。但是他们的最初的出发点都是一样,只是为了生存。

在这段日子里面,我也体验到了,很多时候为了生存,必须有足够的勇气和韧劲来面对这个社会里面的人和事情。

我的那位同学,我们在深圳一起待了一个月之后,他回到了老家湖南的一个偏远县城,他说过,他的理想是要进电视台工作,之后我听说,他在县城的电视台主持少儿节目。后来我们失去了联络。

八年之后,当我们在北京再见的时候,他已经是珠海电视台的一名编导,而我则成为凤凰卫视的一名记者。他告诉我他用五年的时间,从县城走进省电视台,然后又只身来到珠海,从一名编外人员成为电视台的正式员工的整个过程。他说,深圳的那段日子,教会他如何在艰难的时候,勉励自己一定要走下去。

在困境中坚持就会绝处逢生

□ 王　石

王石　1951 年生于广西。著名企业家,万科集团董事长。1998 年 12 月入选《中央电视台》为纪念改革开放 20 年所拍摄的大型电视人物传记片《20 年,20 人》节目。52 周岁时,以中国最高龄的纪录登上了珠穆朗玛峰。著有《道路与梦想》。

许多人对我迷恋登雪山不知其中原由。1995 年,我的身体出了问题,

医生说我腰椎上有一个血管瘤可能会导致后半生卧床不起。那时我刚好45岁。当时我的第一反应是——我还有一些在身体健全时想做却没来得及做的事啊，比如我还没去过西藏。

于是，我开始为自己的这个梦想作准备。一年后，我跟山友背上背包、帐篷、睡袋，一路拦着拖拉机、卡车，去了西藏，爬了我生平第一座雪山。这一次对我今后的生活影响巨大，我的人生观由此转变。

登雪山让我的生活产生很大改变。每次回来，最令我怀恋的是那些艰险历程。

自1997年开始登雪山之后，我拖着一条病腿，从喜马拉雅的章子峰到非洲的乞力马扎罗，从新疆的穆什塔格到北美的麦金利，几年下来，亚、欧、非乃至北美等几大洲不少知名的雪山，都留下了我的足迹，由此我被国家体育总局批准为健将级登山运动员。

章子峰和玉珠峰是我个人认为登起来技术难度较高的两座山峰。在那么恶劣的环境下攀登，对人无疑是一种挑战。每一次攀登，面对的都是生与死的选择。其实，登雪山令我的生活产生了很大改变。登雪山随时伴随着生命危险，这种状态下，每次能安全地回来，最令我怀恋的是那些艰险历程。站在峰顶，天气好的话，没有云层遮挡，看着深不可测的山谷，心里很害怕，我只有一个想法：赶紧下山。因为，登顶只完成了登山的一半，更危险的还没有来临。若天气不好，脚下都是云，不知能不能安全下山，更要赶快下山！

登雪山时的问题往往出在下山过程中，登顶已经令人筋疲力尽，所以，下山时更容易有危险。一个登山队，如果后面的人已经落后一小时尚未登顶，教练或领队就会招呼大家下山，不再等。天气再好，也必须在下午三四点钟下山，不然就要有生命危险。

每次一进山我就后悔了，上到海拔四五千米，风刮着，头疼，恶心，我就骂自己，问自己怎么又来犯贱了？可爬着爬着，还没登顶，我又开始想下一次该登哪座山了……

登山给人的感觉，不是简单的荣誉感等字眼就能说清楚的。登山者的圈子很特别，它建立在生死与共的基础之上。

一进山，一些不确定却关系到生死的因素，将人与人之间的关系拉得很近。在山里相处一个星期所建立起来的深厚友情,可能是你在都市生活十年也不可能建立的。比如说,一个帐篷至少要睡两个人,朝夕相处,从情感和精神上就拉近了两人的距离。大多数情况下,登山时大家都要三四个人结组牵在一起,这需要绝对的相互信任。有时,连续十天八天大家都要绑在一根绳上,一个人脚下一滑,都有可能是扯带几个人滑坠。

我们登阿拉斯加的麦金利就是这样。四个人拴在一起,危险天天存在,随时有可能掉下去。登那座雪山时,没有什么协力,所有东西都要自己背,还要拖运送物资的雪爬犁。我们就返回来,阶段性地背,这对体质、意志力都是一次严酷的考验。那地方已经接近北极,我们要到达的目的地非常不好走。

记得那天,我们到了目的地,就开始忙着踩冰川上的雪,因为要踩出跑道来让来接我们的飞机降落。那天雾很大,我们只听见头顶上飞机的轰鸣声,就是看不见飞机的影子。远处的指挥塔在跟驾驶员不停联络。只见飞机不断地从云层里闪出来,俯冲,再上升,如此反复,像做特技表演。表面上看,挺好玩、挺刺激,其实,大家心里都很着急,不知何时才能坐上飞机离开那里。那次的经历很特别,不过,麦金利真是一座让攀登者很有成就感的雪山。

登山的过程是枯燥而乏味的,休息时我们会聚在一起苦中作乐。每次晚饭过后睡觉之前,大家都要在帐篷里聊天,聊的内容也很有趣,有时也会讲几个笑话。记得在穆什塔格,晚饭后大家聊天时都争先恐后地谈起自己小时候第一次挨爸爸打的事。我当时正用卫星电话和笔记本电脑与外界沟通,听他们的话题有趣便走了神。我正在纳闷儿大家今天怎么都聊起自己小时候淘气出格的事儿了,转念一想,恍然大悟,原来我们那次登山队里有一名女队员,大家都想在异性面前充分展现自己!

我是在去西藏后,因机缘巧合又迷上了滑翔伞。滑翔伞是一项很浪漫的运动,一个人在天上飞,底下的女孩子们仰望着你欢呼,那种感觉很令人飘飘然。不过,我因此两次在滑翔时失控。那次,我在四川豆蚕山,飞伞正在空中飞得得意,飘到西区,山下有一小亭子,两个小女孩看见我,就冲我招手欢呼。我一兴奋就想飘过去,表演给她们看看,结果,撞进了涡流,一下子就掉到半山腰去了。

第六辑　少谈成功,多谈困境

如果我觉得浑身不畅顺，我就知道自己又该去登山了。它使我面对那么多坎坷和磨难，都因为坚持而绝处逢生。

有人说，山鹰社遇山难是因为登山季节不对，但是从技术层面上讲，反季节登山也是一种登法。山鹰社队员的装备也没有什么问题，我后来查阅了一些资料，发现遇难的队员中，有两名队员有着丰富的登 7000 米以上雪山的经验。他们唯一欠缺的就是运气！

雪山是个随时有可能发生危险的地方，走在哪里都不能说不会遇上雪崩等险情。运气是无法预测的，这件事对山鹰社是个不小的打击，但从事件本身看，却有很多正面积极的影响。媒体和登山爱好者们更加关注了，也加强了许多人对登山运动的认识。

登山并不如想象中美妙，缺氧，嗅觉、味觉等一点点丧失，生理反应越来越强烈时，登山过程也会变得乏味。这时，一个我们在都市看似稀松平常的东西，也会变得极为珍贵和特别。

登山之后的乐趣就是，离开都市的你会以全新的眼光去看待现代文明给你的东西。平常，我住在宾馆里，放在屋里的果盘，我一般动都不会动。进山后，一个普通的苹果也变得异常珍贵。从山上下来，我在宾馆睡觉前洗澡时，热水痛快地从花洒中流下来，想想自己在山上好几天不能洗澡，我会感叹现代文明真好！坐在马桶上，使用着漂亮而现代的洁具，我觉得太美了。在那样艰苦的环境下，人都能挺过来，回到都市，还有什么不能容忍的？还有什么不能克服的困难呢？

进山之后，高山缺氧，人适应这种状态是很痛苦的过程。回到平地，再逐渐适应富氧情况，也需要半个月的时间。调整过后，整个人都变得神清气爽了。直到有一天，觉得浑身都不畅顺了，我就知道自己又该去登山了。因为，我是在登山的过程中，体会到了超越生命极限的美丽，它使我参透人生的真谛，就像我当年创立万科的时候，面对那么多坎坷和磨难，都因为坚持而绝处逢生。